해병대 역사와 전통 이해

김호춘

도서출판 **진 영 사**

해병대 역사와 전통 이해

김호춘

2010년 1월 10일 초판 인쇄
2014년 2월 17일 초판2쇄 발행
2020년 4월 22일 초판3쇄 발행

발행인 ‖ 박진영
발행처 ‖ 도서출판 진영사
인천광역시 부평구 주부토로 236 인천테크노밸리 U1 지식산업센터 B동 1507호
TEL : 032)505-4207
FAX : 032)505-4206
e-mail.. 0183734207@hanmail.net

ISBN 978-89-93076-85-1 93390
값 12,000원

머 리 말

해병대는 1949년 4월 15일 진해 덕산비행장에서 380명 인원으로 창설되어 약 61주년이 지났다. 창설당시부터 전쟁이 언제 터질지 모르는 사회질서의 혼란 속에서 싸우면 반드시 이길 수 있도록 강한 훈련을 인내하여 왔다.

그 결과 한국전쟁 및 월남 전쟁에서 혁혁한 전과를 거둠으로써 국민에게 가장 신뢰받는 軍으로 자리매김하여 오고 있다. 오늘날 해병대가 가장 강한 軍으로 성장할 수 있었던 원동력은 국민들의 믿음과 신뢰가 있었기 때문이었다.

경남진주와 제주도에 주둔할 당시부터 "백성 없으면 군대도 없다"라는 표어 하에 대민봉사 활동, 대민진료, 반공강연 등등의 국민들의 계몽활동을 함으로써 지리산과 한라산으로 도주한 공비들을 토벌할 수 있었다.

또한 월남 전쟁에서도 "99명의 베트콩을 놓치더라도 단 1명의 양민은 희생되어서는 안된다"라는 신념하에 전투를 함으로써 '신화를 남긴' 해병대의 전통을 수립하였다. 이러한 찬란한 역사 속에서 인내심, 가족적 단결, 전우애, 임전무퇴 정신을 체득하였다.

그러나 해병대는 한국전쟁 및 월남전쟁의 승전에 너무 자만하여 국민에게 민폐를 끼쳐 국민들로부터 버림을 받게 되었다. 즉 "때리고 부시고 마시고 조져라"는 사가 가사처럼 오도된 전통은 1973년 10월 해병대 사령부 해체라는 뼈아픈 시련을 맞게 되었다.

이는 아무런 근거 없이 오직 강해야만 한다는 선배해병들의 무용담으로 전해온 잘못된 해병대 전통 때문이었다.

해병대가 국민의 군대로 거듭 자림매기 위해서는 든든한 후원자인 국민들을 사랑하지 않으면 안된다. 국민들은 우리 해병대가 '여의주'를 물고 승천할 수 있도록 분위기를 만들어 주는 넓은 바다와 같다.

영국의 수상 처칠은 "과거의 전통과 관습을 버리는 자에게는 행운의 여신이 찾아오지 않으며 조상을 모르는 자는 가통을 세우지 못하고 자기나라 역사를 모르는 민족은 번영을 누릴 수 없다"라고 하였다.

이론적 지식 없이는 쉽게 악습에 물들기 쉽다. 선배해병들의 피와 땀으로 얼룩진 역사와 전통을 올바르게 이해할 때 값진 정신적 유산은 길이길이 보전되리라 생각한다.

따라서 과거의 오도된 전통을 올바르게 이해하여 우리 해병대의 찬란한 역사와 전통을 더욱 계승 발전시킴으로써 국민에게 가장 신뢰받는 '최강정예부대'로 영원히 우뚝 서기를 희망한다.

2010년 1월 12일

죽천동 학교 연구실에서

저 자

차 례

제 1 장

해병대란?

제 1 장 해병대란?[1)]

I 해병대의 기원

1. 개요

해병대란 '해군으로서 상륙작전과 육전보조 부대로서 수륙양용작전을 하기 위하여 편성된 부대', '적전(敵前)상륙작전에 종사하며 필요에 따라 육전보조부대로서 수륙양용작전에 참가함' 또는 '수륙양면작전을 수행할 수 있으며, 특히 상륙작전에 적합하도록 편성·장비되고 훈련된 해군의 정예부대' 등으로 정의하고 있다.

이를 종합하여 정리하면 해병대는 '상륙작전을 주 임무로 하며, 이를 위하여 편성 · 장비된 해군의 작전부대' 라고 말할 수 있다.

해병대는 수륙양면작전, 즉 물(바다)에서 뭍(육지)으로 공격하는 상륙작전을 주임무로 하는 군대이기 때문에 그 기원은 고대로부터 전해지고 있는 상륙작전의 역사에서 찾을 수 있다.

특히 1664년에 영국에서 해군 보병대라고도 할 수 있는 성격의 부대를 창설 (1개 연대 규모, 약 1300명)하여 제도화한 것을 근대적 해병대의 시초라고 할 수 있으며, 오늘날 가장 대표적인 해병대는 미국 남북전쟁 초기인 1775년 11월 10일 2개 대대 규모로 창설된 미국 해병대라 할 수 있다.

초기의 해병대는 함선에 승선하여 포(砲)의 조작, 함대 경찰업무, 적 함선의 검색과 나

1) 해병대 사령부, 「해병대 문화와 가치」, (해병대사령부, 2000), p. 17.

포 등의 임무를 수행하였으나 현대에 와서는 상륙작전을 주임무로 하고 있다.

현재 세계에서 해병대를 보유하고 있는 국가는 미국, 영국, 독일, 프랑스, 덴마크, 네덜란드, 폴란드, 포르투갈, 스페인, 아르헨티나, 브라질, 멕시코, 콜롬비아, 페루, 칠레, 베네수엘라, 그리스, 이탈리아, 파키스탄, 터키, 이란, 나이지리아, 러시아, 중국, 한국, 대만, 필리핀, 인도네시아, 태국 등 약 29개국으로 알려져 있다.

한편 알바니아, 불가리아, 미얀마, 에콰도르, 이스라엘, 파라과이, 루마니아, 스웨덴, 유고슬라비아 등의 특정 국가들은 주로 상륙기습이나 소규모 상륙작전을 주 임무로 하는 해병대와 유사한 부대를 유지하고 있다.

2. 역사상 주요 상륙작전 고찰

1) 트로이(Troy) 전쟁

『트로이 전쟁』

인류 역사상 최초의 상륙작전은 기원전 1200년경으로 오늘날 우리에게 '트로이 목마'로 잘 알려진 전설 속의 트로이 전쟁을 상륙작전의 시초로 보고 있다.

이 전쟁의 원인은 스파르타의 메넬라오스 왕의 아름다운 아내 헬레네를 트로이의 프리아모스 왕의 아들 파리스가 유혹함으로써 전쟁이 일어나게 되었다고 말하고 있으나 전쟁의 실제 원인은 에게 해와 흑해를 잇는 다다넬즈(Dardanelles) 해안의 관문을 통과하여 흑해에서 교역을 시도하던 그리스인들이 그곳을 지키며 일종의 통과세를 요구하는 트로이인들과의 사이에서 충돌이 발생하면서 비롯되었을 것으로 보여진다.

그리스는 2년간 전쟁준비를 마치고 함선을 이용하여 약 25,000명으로 추산되는 그리스군을 트로이 해안에 상륙시켰다. 그 후 전쟁은 결정적인 승패 없이 9년이나 지속되었다.

그리스군은 구태의연한 방법으로는 트로이를 정복할 수 없음을 깨닫고 목마의 계략(計略)을 사용하기로 했는데, 그들은 공성(攻城)을 포기하고 퇴각하는 것처럼 가장한 후 일부가 인접한 섬 뒤에 숨어 20~50명의 병사가 들어갈 수 있는 거대한 목마를 제작했다. 그리스 함대가 대부분 떠날 채비를 하는 가운데 그리스군 병사 몇 명이 성 앞으로 목마를 끌고 오자 트로이군 내에서는 이 목마의 처리문제를 놓고 논쟁이 벌어졌으며 결국 목마를 성내로 끌어들이게 되자 목마 속에 숨어 있던 그리스군 병사들이 야음을 이용하여 성문을 열어 줌으로써 그리스군은 트로이성을 함락하여 최초 상륙이후 10년 만에 트로이를 완전히 정복했다.

2) 제2차 페르시아 전쟁(마라톤 전투)

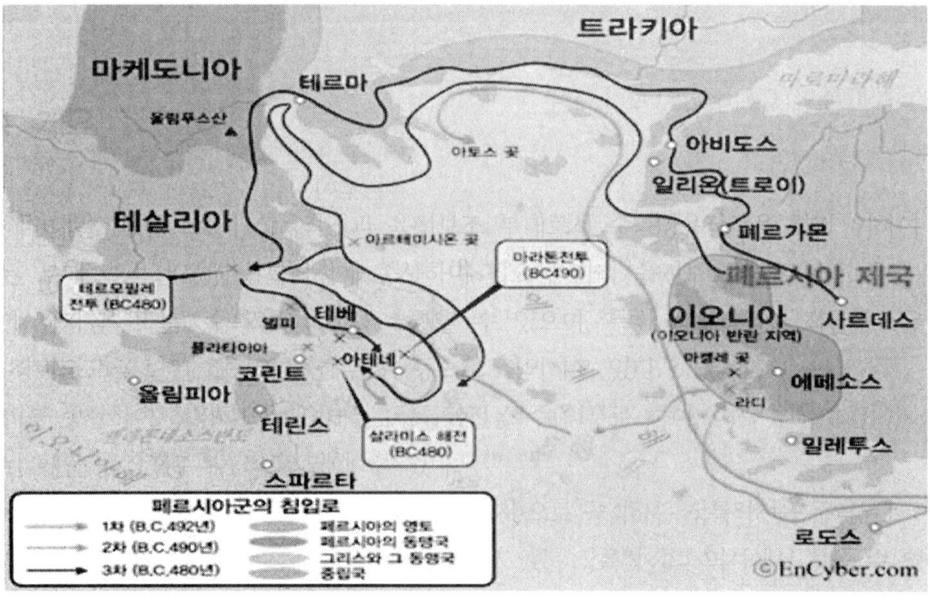

기원전 490년에 페르시아의 지배자 다리우스(Darius) 1세는 그리스에 대하여 제2차 원정을 실시했다. 원정군의 규모는 보병 2,5000명과 기병 1,000명, 특별히 설계된 상륙함선 600척이었다. 이들 함선은 함상에 말(馬)을 수용하고 훈련시킬 공간까지 마련하고 있었으니 근대적 상륙함선의 시초라고 할 수 있으며 이 원정은 전사상 최초의 상륙작전으로 평가되고 있다.

에게 해를 건넌 페르시아 원정군은 먼저 일주일 만에 에스토리아를 점령하고 다음 목표인 아테네를 공격하는 데 있어 주병력을 먼저 그리스 동북부 마라톤(Marathon) 해안에 상륙시켰다. 이때 아테네의 명장 밀티아데스(Miltiades) 장군은 10,000명의 시민병을 지휘하여 전사 상 최초의 고안한 양익 포위전술로 페르시아군을 격퇴시켰다.

이 전투에서 아테네군은 1,900명이 전사하였으나 페르시아군은 무려 6,400명이나 전사하는 큰 손실을 입게 되어 아테네군이 승리를 장식했다. 페르시아군은 상륙 후 계속적으로 내륙에서도 싸울 수 있는 능력을 갖추지 못했기 때문에 결국 패배했던 것이다.

아테네군의 한 병사는 이 승리를 알리기 위해 완전무장을 한 채 쉬지 않고 전속력을 다해 뛰었고, 그는 아테네에 도착하자마자 아테네 시민에게 "기뻐하라, 우리가 승리했다!"는 승전보 한마디만을 남기고 절명했다고 한다. 이때 그 병사가 달린 거리가 42.195㎞였으며, 오늘날 마라톤 경기는 바로 마라톤 전투에 기원을 두고 있는 것이다.

3) 갈리폴리(Gallipoli) 상륙작전

제1차 세계대전이 한창 전개되고 있던 시기인 1915년 4월 25일 영국 및 프랑스군으로 구성된 연합군은 터키의 갈리폴리 반도에 대한 상륙작전을 실시하였다.

이 작전은 당시 독일과 비밀조약을 체결한 터키가 러시아의 생명선과 같은 다다넬즈(Dardanelles) 해협을 전면 봉쇄를 취하게 되자 러시아는 동맹국인 영국에 터키에 대한 견제작전을 요구하게 됨에 따라 영국 육군 제 29사단, 이집트에 있던 안작(Anzac)군단, 그리고 프랑스군 1개 사단을 상륙군으로 편성하여 로베크(Robeck) 제독은 해군함대를 지휘하고, 해밀턴(Hamilton) 장군은 상륙군을 지휘하여 상륙양동작전과 함께 상륙돌격을 실시하였다. 그러나 터키군의 완강한 저항으로 내륙 진출이 불가능해진 영 · 프 연합군은 교착상태에 빠지게 되자 영국군은 17개 사단으로 증강하여 8월 6일 05시 30분을 기해 제2차 상륙작전을 감행하였다.

그러나 제2차 상륙작전 역시 공격기회 상실로 전 전선이 고착되어 실패로 돌아감에 따라 굴욕적인 철수를 할 수밖에 없었다. 9개월에 걸친 이 작전에서 양군은 250,000여 명의 병력손실을 입었다.

이 갈리폴리 상륙작전의 참패는 많은 군사 전략가들로 하여금 상륙작전의 무용론이 대두되게 되었다. 그러나 미 해병대는 최초의 근대 상륙작전인 이 작전을 심층 분석하여 현대적 의미의 상륙작전 교리를 개방하는데 매우 유용하게 활용하였으며 제2차 세계대전시 태평양 전역에서 새로운 교리를 적용한 상륙작전을 성공적으로 수행함으로써 오늘날 상륙작전의 효용성과 가치를 높이는 데 크게 기여하였다.

또한 이 작전에서 특이할 만 한 점은 제2차 상륙작전시 슈브라(Suvla)만에서 '비틀즈(Beetles)'라는 철갑발동선을 이용하여 해안에 상륙함으로써 오늘날 현대적 개념의 상륙주정 발전에 기틀을 제공 했다는 점이다.

『영국 해군 전함 HMS 이리지스터블이 침수되는 모습』

『상륙함을 타고 해안으로 밀려드는 호주군과 뉴질랜드군』

4) 과달카날(Guadalcanal) 상륙작전

제2차 세계대전 당시 태평양 전역에서 남태평양의 솔로몬 군도의 작은 섬 과달카날에 일본군의 비행장 건설을 거부하기 위해 1942년 8월7일 미 해병대 제1사단은 반 데 그리프트(Van de grift) 장군 지휘 하에 상륙작전을 실시하였다. 이 작전은 제2차 세계대전 중 미국군에 의해 태평양상에서 실시한 최초의 상륙작전으로서 당시 일본군은 미드웨이 해전에서 대패하자 곧바로 과달카날 섬에 상륙하여 비행장을 건설하기 시작했고 과달카날 섬에서의 항공작전은 연합군의 Arc Line을 차단하게 되므로 미군은 즉각적으로 이에 대처하여 과달카날을 점령, 과달카날 섬의 비행장을 '헨더슨(Henderson) 비행장'으로 명명했다.

그 후 미 해병대 1사단은 비행장을 건설하면서 일본군의 공격에 대비했다. 8월 18일 밤 일본군은 1,000여 명의 병력으로 상륙하였으나 거의 전멸 당했으며 그 후 제2차 공세인 '동경특급(Tokyo Express) 작전'에 이어 제3차 공세를 실시하여 전면공격을 시도하였으나 일본함대가 해전에서도 패하게 되자 지상군 지원 기도가 좌절됨으로써 극심한 보급난에 빠지게 되어 6개월에 걸친 과달카날 격전은 미 해병대의 승리로 종식되게 되었다.

이 작전에서 일본 해군의 적극적인 철수작전으로 11,000~13,000명의 병력을 철수시키는 데는 성공했지만 전사 14,800명, 병사 9,000명의 손실을 입었으며 반면 미국은 전사 3,000명, 부상 및 행방불명자 4,245명으로 일본군은 미군에 비해 3배에 달한 피해를 입게 되었다.

『과달카날 상륙, 태평양 전선』

『미 해병대의 휴식 과달카날, 태평양 전선』

이 작전에서의 승리로 연합군은 Arc Line을 지킬 수 있었으며 제해 · 제공권을 장악하여 총반격의 계기를 만드는 결정적인 전기가 되었다.

5) 타라와(Tarawa) 환초 상륙작전

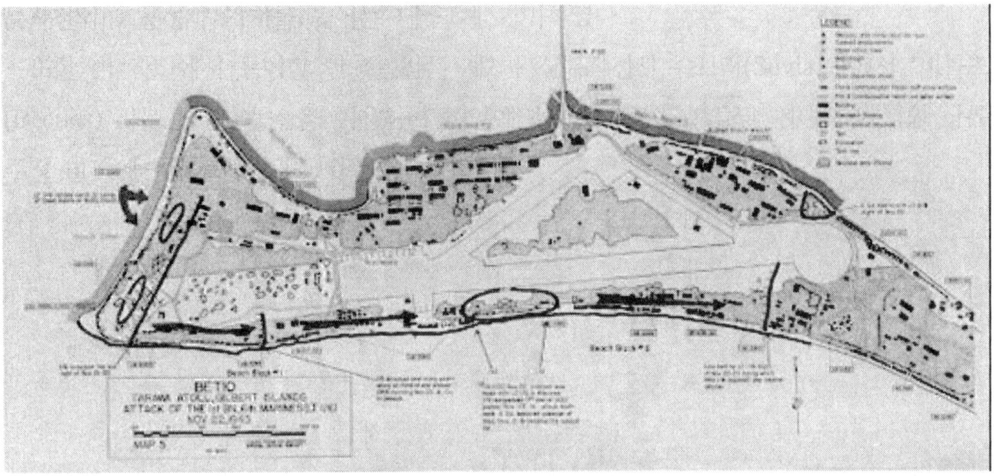

『타라와 전투』

남태평양의 길버트 제도에 있는 25새의 환초(環礁)로 구성된 타라와 섬은 전략상의 요충지로 태평양전쟁 초기에 일본군에 의해 점령되었으나 미군의 일본 본토 공격을 위한 발판 구축을 위해 뉴질랜드에 주둔하고 있던 미 해병대 제2사단은 1943년 11월 20일 스미스(J. Smith) 장군 지휘 하에 타라와 남단의 주도(主島)인 베티오(Betio) 섬에 상륙작전을 실시했다.

당시 이 섬을 방어하고 있던 일본군은 게이지 시바사끼 제독의 지휘 하에 철옹성 같은 요새화 진지를 15개월에 걸쳐 구축하였으며 일본군 병사들은 100만 명의 미군들도 그들의 강력한 거점을 절대 확보할 수 없을 것이라고 호언장담하고 있었다. 그러나 미 해병대는 조수간만의 차이 및 산호초로 인해 상륙주정의 접안 및 기동에 절대적으로 제한을 받는 악조건임에도 불구하고 이를 극복하여 베티오 섬을 탈취하는 데 성공하였다. 이 작전에서 일본군 4,836명 전원이 전사하였다.

타라와 상륙작전은 상륙작전 교리를 그대로 적용시킨 상륙작전으로 평가되고 있으며 상륙장갑차(LVT: Landing Vehicle Tracked) 125대를 함안이동 간에 운용하여 실효성을 입증시킨 최초의 작전으로 그 의의를 찾을 수 있다.

『상륙장갑차 (LVT) – 1941』

『상륙주정 (LCVP)』

『부두 끝에서 75mm 포탄을 양륙중인 해병대원들』

『부상병들을 후송하는 모습』

6) 노르망디(Normandy) 상륙작전

'오버로드(Overlord)작전'이라는 암호명으로 1944년 6월 6일 06시 30분을 기해 실시된 노르망디 상륙작전은 제2차 세계대전의 종결에 커다란 영향을 끼쳤던 연합국 측의 대규모 상륙작전이었다.

당시 연합군은 북아프리카 상륙작전이 성공하게 되자 독일군은 양면전쟁을 강요받게 되어 전황은 독일에 매우 불리해졌으며 구주(歐洲)대륙 상륙작전이 성공되면 독일군으로 하여금 구주지역에서의 제2전선 형성에 따른 양면전쟁을 강요할 수 있을 것으로 판단하여 상륙작전계획이 수립되게 되었다. 상륙지역은 최초 6개 지역이 고려되었으나 강풍을 차단할 수 있고 해안에서의 대부대 수용이 가능하며 내륙으로의 통로가 양호할 뿐 아니라 독일군의 방어태세도 비교적 미약하다는 장점을 들어 노르망디로 선정하였다.

연합 원정군 총사령관 아이젠하워 대장은 고심 끝에 상륙군의 사기와 비밀누설을 우려하여 6월 6일 D-day를 결정한 것이다. 이때의 결심과정을 지켜 본 스미스(W. B. Smith) 장군은 "침묵은 5분간 흘렀으며 아이젠하워 장군은 회의실 소파에 앉아 있었다. 나는 일찍이 그와 같은 역사적인 결심을 내릴 때 지휘관의 고독을 그토록 실감나게 느껴 보지 못했다."고 당시를 회고했다.

양군 간의 군사력은 미국·영국·캐나다·프랑스·폴란드로 구성된 연합군 39개 사단을 비롯한 병력 2,876,000명, 함정 5,300척, 항공기 12,000대를 보유하였고 독일군은 상륙군 저지임무를 띤 룬드쉬테트 원수 예하에 58개 사단, 항공기 1,100대, 전략예비 10개 기갑사단 중 해안 고정배치 7개 사단 제외 3개 기갑사단만을 사용했다.

이 작전에서 롬멜은 "전쟁의 승패는 해안에서 결정될 것이며 그것도 첫날 24시간이 될 것이다."라고 말하면서 가용한 모든 수단을 다 동원하여 해안선에서 적의 상륙을 저지해야 한다고 강조하였다. 히틀러는 롬멜의 견해를 지지하고 해안에서의 강력한 방어준비를 실시했다. 그러나 독일군은 연합군의 실제 상륙지역에 대한 오판과 제해 및 제공권 상실 그리고 전략예비대의 절대적인 부족으로 물량전(物量戰) 개념을 적용한 연합군에게 패하였다.

노르망디 상륙작전이 성공적으로 끝남에 따라 독일군에게 양면전(兩面戰)을 강요하게 되었고 독일군 붕괴의 커다란 요인이 되었다. 특히 이 작전을 통해 상륙지역 후방에 대한 기습낙하로 중요지점을 선점하고 적 후방 교란 등의 활동으로 상륙군에게 지대한 공헌을 했던 공수부대(空輸部隊) 운용에 대한 효과성과 함포사격의 중요성, 그리고 상륙군에게 필수 불가결한 힘을 부여했던 기갑부대의 역할을 증대시켰다.

노르망디 상륙작전에 참가한 연합군 병사들은 노르망디에 상륙한 1944년 6월 6일을 흔히 '가장 길었던 하루(The Longest Day)'라고 표현했다. 제2차 세계대전 중 가장 중차대한 군사작전에서 어려운 임무를 수행하느라고 엄청난 고생을 했고 동시에 결과를 알 수 없는 불안한 상태에서 지내야 했던 그날이 그렇게 길게 느껴졌을 것이다.

『노르망디상륙작전』

『영국의 도버성』 연합군은 이곳에서 노르망디로 출발했다.

7) 유황도(이오지마) 상륙작전

『유황도(이오지마)상륙전』 – 성조기를 꽂는 미 해병대.

유황도(硫黃島)는 일본에서 약 720마일 떨어진 8평방 마일에 불과한 조그마한 섬으로 섬 전체가 유황으로 덮여 있으며 물도 없고 식물과 새들도 없는 불모(不毛)의 섬이었다. 이처럼 사람이 살기 힘든 쓸모없는 섬이었지만 일본의 입장에서는 마리아나 둔도에서 발진한 미군 B-29 폭격기가 일본을 공격하기 위해 비행시 중간지역에서 위협할 수 있고, 미국의 입장에서는 B-29기를 엄호 및 불시착 장소로 이용할 수 있는 양국 간 절대적으로 양보할 수 없는 전략적 가치를 지닌 중요한 섬이었다.

당시 유황도에는 일본군 구리바야시 중장 예하 제109사단 약 23,000명이 '일인십살(一人十殺)'의 구호를 걸고 옥쇄전술(Suicide Tactics)로 섬 전체에 벌집 같은 동굴 진지와 특화점을 구축하고 비행장 2개를 이미 완성하고 세 번째 비행장을 건설 중에 있었다.

이때 미 해병대 제5군단(3개 사단)은 쉬미트(Harry Schmidt) 소장의 지휘 하에 제5함대의 지원을 받아 1945년 2월 19일 09:00를 기해 유황도의 남안에 상륙했다. 이미 6개월간에 걸친 치열한 상륙작전 준비포격과 상륙개시 3일 전부터 주야를 가리지 않는 맹렬한 함포사격에 의해 외형상으로 보기에는 일체의 살아 있는 물체가 없을 정도가 되어 있었다. 쥐 죽을 듯 조용하던 일본군은 스리바찌 산으로부터 갑자기 맹렬한 포격과 함께 역습을 시작했다.

상륙지역의 개활지에 놓여진 이 해병들은 약 1시간가량 일본군의 공격에 의해 전투력의 40%에 해당하는 막대한 손실을 입었다. 그러나 미 해병대는 끈질긴 공격으로 스리바찌산을 점령하여 공격의 발판을 삼았으며 대부분의 해안이 암벽으로 구성되어 막대한 인명손실에도 불구하고 전진을 계속했다. 1주일간의 혈전에서 일본군은 옥쇄전술로 인해 포로 216명 외 전원 전사하는 참상을 끝으로 전투가 종식되었다.

미 해병대의 피해도 적지않아 전사 6,821명을 포함한 24,891명의 사상자를 냄으로써 동일전장에서 최단기간 내에 최대 피해를 입은 전투로 기록되고 있다.

그러나 미 해병대는 전쟁이 끝날 때까지 B-29기 2,251대가 이곳 유황도 비행장에 불시착하여 구조되는 등 값비싼 희생의 대가를 충분히 받을 수 있었다.

유황도 상륙작전은 미 해병대의 비범한 용기와 불굴의 정신을 유감없이 발휘한 전투였으며 스리바찌산 점령 후 성조기를 세우는 용감한 해병들의 영웅적인 모습은 미 해병대의 상징으로 오늘날까지도 세계인에게 깊은 감명을 주고 있다.

『유황도 전투』

Ⅱ 해병대 존재가치

1. 미래전 양상[2)]

○ 첨단무기체계 및 장비에 의한 정보전 또는 과학전
○ 비선형 입체고속기동전
○ 확대된 전장 및 공중공간에서의 전쟁
○ 바다로부터 연안도시지역으로의 지·해·공 세력투사를 통한 중·저강도 분쟁
○ 군사적 승리보다는 정치적 승리를 지향하는 간접전
○ 바다로부터의 작전적 기동에 의한 상륙작전 증대

미래전은 현대 첨단과학병기와 정보통신기술의 발달로 첨단무기체계 및 장비에 의한 과학전 또는 정보전이 될 것이며, 공간적으로는 비선형 입체전과 확대된 전장 및 공중공간에서의 전쟁, 시간적으로는 속도전과 기동전, 물리적으로는 대규모 화력전 개념으로 발전될 것이다. 그리고 연안지역의 중요성이 부각되면서 해양으로부터 도시화된 연안지역으로의 지·해·공 세력투사에 의한 중·저강도 분쟁양상이 증가할 것이다. 또한 군사적 승리보다는 정치적 승리를 추구하는 간접전의 양상을 띠게 될 것이며 상륙작전 개념은 바다를 기동공간으로 한 작전적 기동개념으로 발전될 것이다.

1) 첨단무기체계 및 장비에 의한 정보전 또는 과학전

완벽한 C^4I체계 구축으로 빠른 속도로 작전하는 부대들을 효과적으로 지휘통제하며, 실시간대 첩보 및 정보처리와 유도무기의 정확도 증가로 파괴능력이 향상될 것이며, 이를 방해하기 위한 고도의 전자전 수행과 단기 경고하 전투준비가 요구될 것이다. 그리고 레이저 및 전자포, 로봇들이 실용화됨으로써 새로운 개념의 전쟁양상으로 발전될 것이다. 또한 군사력의 중심이 과거 공지전투(Air Land Battle)에서 중시하던 인력/물자에서 대량소모전 및 기동전 능력을 통합하는 정보전의 정보 기술로 변화함에 따라 미래전의 양상은 정보전의 형태를 띠게 될 것이다.

2) 해병대 사령부, 「Vision 2025」, (해병대 사령부, 2001), pp. 13~16.

2) 비선형 입체고속기동전

대량살상무기와 장거리 화력, 기계화부대 및 특수전부대의 적극적 운용 등으로 비선형 전투가 빈번히 발생하며 전·후방 구분 없는 전 전장 동시전투가 수행될 것이다. 기동부대는 공중기동수단을 최대로 이용한 고속기동으로 결정적 목표를 집중공략하면서 전선 증원방해 이전에 증원부대 편성 자체를 방해하거나 파괴하는 개념으로 발전되고 있다.

따라서 Hit & Run 또는 분산-집중-타격-분산의 전투행동이 반복되면서 전장 환경의 유동성과 예측 불가능성으로 인하여 소부대 지휘관(자)의 분권화 전투지휘 능력을 포함한 우발상황 대처능력 배양이 요구될 것이다.

3) 확대된 전장 및 공중공간에서의 전쟁

정찰위성 및 조기경보기 운용으로 종심 깊은 전장감시 및 표적탐지가 가능해졌을 뿐만 아니라, C^4I체계의 발전으로 신속한 첩보분석과 결심을 통해 항공기 및 유도무기로 점표적에 대한 정확한 주·야간 정밀 폭격과 파괴가 가능하게 됨으로써, 화력운용, 공중기동, 지휘통제 등 공중공간관리 능력의 중요성이 더욱 확대될 것이다. 특히, 인공위성에서 장거리 유도무기 및 특수 빔(Beam) 발사가 가능해지고 이들을 요격하는 요격위성의 등장으로 우주공간이 전장화되고 우주공간에서의 전쟁 주도권 쟁탈전이 치열해 질 것이다.

4) 바다로부터 연안도시지역으로의 지·해·공 세력투사를 통한 중·저강도 분쟁

※ 미래의 분쟁형태

구분	내용
고강도 분쟁	전면적, 국지전(국제 제한전, 대규모 전쟁)
저강도 분쟁 (안보갈등)	전복, 테러, 게릴라, 무력시위, 경제봉쇄, 정보마비, 군비경쟁, 해상로(Sea Lane)보호, 항로(Air Corridor)보호, 국제평화유지군(PKO)
내부위협	○ 대범죄/마약/밀수 ○ 대전복/테러 ○ 대사회불안

세계 인구와 경제력과 대량파괴무기의 대다수를 보유하고 있는 연안 지역의 중요성 부각에 따라서 세계 도처의 연안지역에서의 위기와 분쟁은 증가할 것이다. 이 지역에서의 분쟁은 해상 또는 공중을 통한 접근만을 요구하기 때문에 지·해·공 합동 전력의 투사가 필요하다. 그리고 분쟁당사국들이 상호 자멸을 초래하는 고강도 분쟁은 회피할 것으로 예상되므로 이 지역의 분쟁은 중·저강도 분쟁양상을 띨 것이며, 대부분의 연안지역은 도시화된 지역이므로 시가지 전투형태가 될 것이다. 또한 도시지역에서의 전투는 기간시설의 파괴 없이 상대방의 전투력을 마비시키는 생·화학무기 사용의 선호도가 증가될 것으로 예상된다.

5) 군사적 승리보다는 정치적 승리를 지향하는 간접전

미래전은 적국의 인원·시설을 파괴하고 영토를 탈취·점령하는 군사적 승리보다는 전쟁의 궁극적 목적인 국가이익을 추구하는 정치적 승리를 위한 게릴라전 또는 준 게릴라전 형태의 간접전 양상을 띠게 될 것이다. 즉, 적대국의 전쟁수행 의지를 분쇄하기 위해서, 상대방으로 하여금 전쟁보다는 평화를 선호하도록 유도하는 전쟁양상을 띠게 될 것이다.

6) 바다로부터의 작전적 기동에 의한 상륙작전 증대

과거의 상륙작전 개념은 상륙함선에서 상륙해안에 전력을 투사(Ship to Shore Movement)하는 개념이었으나, 발전되고 있는 미래의 상륙작전 개념은 바다를 장애물로 고려하지 않고 기동공간으로 간주하며, 해군의 연안 중심의 전역작전과 상륙군의 지상에서의 기동전 개념을 연계한 '바다로부터 작전적 기동'(OMFTS : Operational Maneuver from the Sea) 개념으로 발전한, 상륙군을 작전술 제대의 목표(병력집결지, 도시, 지역, 보급소, 정치·도덕적 무형의 중심 등)로 직접 기동시키는 개념인 함목기동(Ship to Objective Maneuver)으로 발전되고 있다.

이를 구현하기 위하여 세계 각국의 해병대는 고도의 정보수집 능력, 지휘통제 수단, 화력지원, 전투근무지원 등에 관한 개념을 발전시키고 있으며 상륙기동헬기, 공기부양 고속상륙정, 해상에서 고속기동이 가능한 상륙돌격장갑차 등을 확보하여 초수평선으로부터 상륙군을 발진, 적을 압도하는 공격기세를 창출하고, 작전적 목표에 전투력을 집중하는 상륙작전개념으로 발전하고 있다.

2. 미래 한반도 안보환경

1) 세계 안보환경 변화

구소련을 정점으로 하여 세계질서의 한 축을 이루었던 공산진영의 붕괴를 비롯한 과거 반세기 동안 인류의 사고와 세계질서를 지배해 온 이념적·지정학적 패권경쟁과 군사대결은 이제 종식되어 고대 역사의 한 부분으로 흘러갔고, 대신에 미지의 새로운 세계질서가 태동하고 있다. 그러나 그 실체는 분명하게 보이지 않고 있다.

다만, 오늘날에 진행되고 있는 변화추세에 비추어 몇 가지의 특징적인 양상을 적시할 수 있을 것이다.

첫째, 가장 중요한 변화의 양상은 양극을 중심으로 작동되었던 세계질서 구도가 통합과 분열을 거듭하면서 재현되고 있고, 그 과정에서 국가 간 세력관계 변동과 국지전쟁 발생 그리고 대량살상무기 확산 등 혼란과 무질서가 초래되고 있다는 점이다.

둘째, 세계질서는 탈냉전화와 함께 안보·군사영역에서도 급격한 변화가 전개되고 있다. 정치·군사중심의 국제질서가 경제·기술 위주로 변화됨에 따라 안보·군사영역의 비중과 내용도 바뀔 수밖에 없다. 또한 냉전시대 안보·군사문제의 기본전제가 되었던 양극적 군대대결체제가 와해되었기 때문에 우방국과 적대국간의 개념 자체가 본질적으로 달라질 수밖에 없다.

셋째, 상호안보(mutual security) 또는 공동안보(common security) 정신의 세계적 확산과 그에 바탕을 둔 군비축소의 가시적 진전으로 안보·군사질서 변화의 가장 두드러진 현상이라 할 수 있다. 결국 이러한 위협환경 및 전략적 기본전제의 변질로 말미암아 개별 국가들도 자의든 타의든 안보·군사목표와 전략개념의 조정을 추진하지 않으면 안 되는 상황이다.

넷째, 새롭게 형성되고 있는 세계질서는 수많은 불확실성과 불안전성을 내포하고 있는바 불확실성은 대규모 전면전쟁 발발 가능성은 현저하게 감소하는 반면, 지역적·국지적 차원의 중·저강도 분쟁 발생 가능성을 오히려 증대되고 있는 '이중적 성격'에서 연유된다.

다섯째, 탈냉전의 세계질서는 안보의 성격 면에서도 새로운 인식과 이해를 요구하고 있다. 주로 군사력에 의해 세계질서 구도는 국력의 척도가 바뀜에 따라 기준의 강대국-약소국 구분 자체가 의미가 없어지게 될 것이며, 위협개념의 변화로 동맹협력과 적대관계의 선택도 근본적으로 바뀌게 될 것으로 전망된다. 이미 군사력에 의존한 평화와 안보개념이

질적으로 변화 되고 있다. 제2차 세계대전 이후 세계 각국은 군사적 외부 위협에 대처하여 안전보장을 확보하는데 최우선적 관심을 두었으나, 이제 그 같은 대결 시대가 끝나고 적과 우방간의 구분이 흐려짐에 따라 새로운 국가안보 과제가 제기될 것이다.

2) 동북아 안보환경 변화

이 지역은 전통적으로 국가들마다 안보위협에 대한 인식이 다양하고 상호 뿌리 깊은 역사·문화적 갈등요인들이 내재해 있어 공동안보의 개념과 틀이 발전될 여지가 거의 없었다. 그러나 이와 같은 질서구도는 세계질서의 탈냉전화가 심화되고 역내 국가들이 그 같은 추세에 편입되어 감에 따라 새롭게 편제될 것이다.

첫째, 이 지역은 세계적 탈냉전화의 영향으로 세력구조의 다극화가 심화될 것이다. 즉, 일본의 정치 대국화 및 중국의 세력신장을 불가피하게 미·일·중·러 의 4극체제로 전환되어 21세기의 동북아 안보질서는 견제와 균형의 메커니즘 속에서 다수의 국가들이 실리적 이익계산에 따라 이합집산(離合集散)화하는 성격을 띠게 될 것이다.

둘째, 세계적 탈냉전화의 또 다른 지역적 파급영향은 세계적 양극화체제의 소멸로 유럽에서는 유럽연합이라는 단일 세력이 아닌 다수의 세력을 부상시킴으로써 세력 간의 각축 가능성을 높여 주고 있다. 그로 인해 불안정성과 유동성이 증폭될 것이다. 특히, 일본과 중국은 모두 경제적 활력을 바탕으로 군비증강을 계속할 수 있기 때문에 불확실성이 더욱더 가중되고 있다.

셋째, 탈냉전의 세계질서 재편에 부응하여 다자적 안보협력체제의 발전 가능성이 커지고 있다. 이미 아태 경제협력회의(APEC)를 모태로 하는 안보·경제를 포괄한 新태평양공동체(NPC : New Pacific Community)가 미국을 주축으로 모색되고 있으며, 안보대화기구로서 아세안지역포럼(ARF: ASEAN Regional Forum)이 추진되고 있기 때문이다.

넷째, 탈냉전의 세계적 조류는 동북아지역에 있어서도 사회주의 폐쇄체제를 유지하고 있는 국가들의 개방과 개혁을 촉진하고 있다. 즉, 세계질서의 탈냉전화로 인해 이념적 체제경쟁이 무의미해지면서 경제 및 기술의 발전이 국가체제 유지의 핵심요소로 부상됨에 따라 역내 사회주의 국가들과 경제협력을 위해 개방의 폭을 확대 하고 있다.

따라서 21세기의 동북아지역의 안보환경은 기본적인 동맹관계의 틀을 유지하면서 협력관계와 갈등관계가 병존하는 새로운 질서로의 변화가 불가피할 것이다.

3. 한반도 위협분석

통일한국의 국가이익 및 국가목표에 대한 가장 중대한 위협요소는 군사(무력)적 위협이다. 군사적 위협은 대내에서 발생할 수도 있으나 본질적으로 대부분이 대외적인 위협이다. 통일한국에 있어서는 주변의 러·중·일의 군사강국의 존재 자체가 대외적인 위협이다. 이들 3국의 존재는 동북아지역에 있어서 평화와 안정이 유지된다 하더라도 잠재적인 위협요인이 될 수 있기 때문에 주변국의 불안정한 정세와 군사력 증강은 더 큰 대외적인 위협이 된다.

21세기에도 동북아 정세는 계속 급변할 가능성이 높다. 이와 같이 변화가 예측되는 시기에 위협을 평가한다는 것이 매우 난해한 작업이다. 왜냐하면 어느 한 국가만 변화하더라도 주변국의 변화에 영향을 줄 수 있기 때문에 주변 4국간의 관계를 가정할 수 있는 형태는 수없이 많이 구상할 수 있기 때문이다.

이와 같은 한반도 주변의 불특정 위협국가들은 정치·경제·군사 분야 등에서 세계 최강국들로서 전략무기와 최첨단 군사력을 보유하고 있으며, 특히 미래 전에 대비하기 위해 나름대로 군사혁신(RMA : Revolution in Military Affairs)을 단행함으로써 우리와 군사력 격차가 갈수록 누진적으로 커질 수 있다는 데 문제의 심각성이 있다.

또한 역내 불특정국가 간 패권경쟁에 따른 분쟁 발생시에는 신 냉전체제와 같은 경직된 구도가 형성될 수도 있으며, 특히 이들 국가들이 자국의 국익추구를 위해 공세적인 군사전략을 구사할 경우 한반도의 미래 안보상황은 우리의 의지와는 상관없이 불특정국가 간 이해관계 상충에 따라 분쟁상황에 휘말려 들게 되는 등 불확실성과 불안전성이 증대되는 구조적인 취약점을 내포하고 있다.

통일한국에 대한 위협은 "한반도 주변국가에 대한 직접적인 도전과 그들 간의 세력다툼으로 인하여 생성되는 한반도의 외부로부터의 위협"을 들 수 있다. 군사적으로는 직접적인 군사력 대결을 포함하는 위협이 있을 수 있으며, 또 하나는 직접적인 군사개입의 가능성이 적은 군사적 위협을 들 수 있다. 이와 같은 관점에서 통일한국에 대한 가능한 모든 군사적 위협 또는 위험을 도출해 보면 아래와 같다.

- 아태지역 미군의 철수와 지역세력 재편에 따른 무력침공 위협
- 일본이 재군비되고 침략적인 국가전략을 지향할 경우의 위협
- 주변국 간의 이해충돌로 발발된 전쟁이 한반도로 비화될 위협
- 북방 사회주의 국가의 체제유지와 대결적인 정권 출현
- 주변국가의 국경 및 영토(영공, 영해 포함)를 둘러싼 분쟁
- 주변국가의 통상, 자원(해양, 해저), 지상수송로, 거주민, 환경문제 등의 마찰로 인한 분쟁
- 동아시아에 대한 영향력 강화를 위한 일본과 중국의 군비경쟁
- 통일 후의 내부갈등, 경제혼란, 마약 및 테러 등에 의한 국내 불안정

다음과 같은 군사적 위협 및 위험은 위에 적힌 위협항목일수록 위협 정도가 심각한 반면에 발생가능성은 대체로 역비례한다고 생각할 수 있다. 통일한국의 국방 및 군사전략은 이와 같은 군사적 위협에 대응해야 하겠지만 모든 군사적 위협에 모두 대응할 수는 없을 것이다. 즉, 각각의 위협에 관련된 정도와 발생가능성 등을 고려해야 할 것이다.

4. 해병대 존재가치

1) 한반도의 지형적 특성을 극복할 수 있는 전투력 운용 가능 부대

- 장애물인 바다를 통한 주 전투력 투사 가능전력(상륙작전)
- 전략도서를 방어하는 전투부대(도서방어작전)

2) 적 전투력 분산 및 저예산 고효율의 국가 방위전력

- 북한에게 동서해안에 병력 배치 강요
- 북한군의 기계화 및 기갑군단의 전방 투입을 견제함으로써 대상륙방어를 위한 기동화 예비전력 전방투입 제한

3) 무형의 가치

- 전사(戰事)에 나타난 전승사례와 해병대의 상징성
- 해병대가 주둔한다는 사실 자체로 적에게 부담

Ⅲ 해병대의 법적 지위 및 임무 근거

1. 해병대령(대통령령 제88호 1949년 5월 5일 공시)

『해병대령』

제1조 해군에 해병대를 둔다.

제2조 해병대는 해군작전에 의한 상륙작전을 담당하며 필요에 의하여 일반 육상 전투에 종사할 수 있다.

제3조 해병대에 사령관과 참모장을 둔다. 사령관은 해군 참모총장에 예속하여 소속부대를 지휘/감독한다. 참모장은 사령관의 명을 받아 참모업무를 통제 감독하며 사령관이 사고가 있을 때는 그 직무를 대리한다.

제4조 사령관은 해군현역장교 중에서 국방부장관의 상신으로 국무회의의 의결을 거쳐 대통령이 명하고, 참모장은 해군 현역장교 중에서 해군 참모총장의 상신으로 국방부장관이 명한다.

제5조 해병대사령부에 다음의 부서를 둔다.
인사국, 정보국, 작전교육국, 군수국, 법무감실, 재무감실, 의무감실
제6조 인사국은 인사, 문서, 공보, 정신수양, 감찰, 후생과, 군사경찰, 기타 국감실에 속하지 않은 사항을 분담한다.
제7조 정보국은 군사정보, 역정보와 정찰에 관한 사항을 분장한다.
제8조 작전교육국은 작전, 교육, 장비와 동원에 관한 사항을 분장한다.
제9조 군수국은 군수품의 보급탑재와 수송에 관한 사항을 분장한다.
제10조 법무감실은 사법과 영장발부에 관한 사항을 분장한다.
제11조 재무감실은 재무와 군수품 조달에 관한 사항을 분장한다.
제12조 의무감실은 의무, 위생과 약사에 관한 사항을 분장한다.
제13조 국에는 국장, 감실에 감을 둔다. 국장과 감은 해군장교 중에서 해군 참모총장의 상신에 의하여 국방부장관이 명한다.
제14조 국장과 감은 상사의 명을 받아 국무 또는 실무를 처리하며 부하직원을 지휘/감독한다.
제15조 필요에 의하여 국방부령으로 국과 감실을 둘 수 있다.
제16조 해병대의 전투부대 편성에 관하여는 당분간 국방부 장관이 정하는 바에 의한다.

부 칙

본령은 공포한 날로부터 시행한다.

2. 국군조직법 『법률 제4249호. 1990. 8. 31.』

제2조(국군의 조직)
① 국군은 육군, 해군 및 공군으로 조직하며, 해군에 해병대를 둔다.
제3조(각군의 임무)
① 육군은 지상 작전을 주 임무로 하고 이를 위하여 편성, 장비되며 교육훈련을 한다.
② 해군은 해상작전 및 상륙작전을 주 임무로 하고, 이를 위하여 편성, 장비되며 필요한 교육훈련을 한다.
제14조(각군 본부의 설치 등)
④ 해군 예하에 상륙작전을 주 임무로 하는 해병대사령부를 두며, 해병대사령부에 해병대사령관과 필요한 참모부서를 둔다.
⑤ 각 군 본부 및 해병대사령부의 직제와 기타 필요한 사항은 대통령 명의로 정한다.

3. 해병대사령부 직제령 『대통령령 제15,992호. 1998. 12. 31』

제1조(임무)

해병대사령부는 해병대의 정책, 편성, 교육훈련, 인사, 군수, 작전, 기타 해병대 운영에 관한 사항을 관장한다.

4. 해병대의 임무

해병대는 국가전략 기동부대로서 상륙작전을 주 임무로 수행하며, 의명지상작전, 도서방어작전, 기타 지시되는 임무를 수행

제 2 장

해병대 창설 및 주둔기 (진해 / 제주도)

제 2 장 해병대 창설 및 주둔기(진해 / 제주도)

I 창설기

1. 개요

조국 광복과 더불어 1946년 1월 14일 국군의 모체인 국방경비대를 창설하였고, 국방경비대는 대한민국 국군으로, 조선 경비대는 육군으로, 해안 경비대는 해군으로 정식 발족하게 되었으며, 대한민국 해병대는 1949년 4월 15일 초대 해병대사령관 신현준 중령을 비롯하여 해군에서 선발된 380명이 창군의 기치를 내걸고 진해 덕산 비행장에서 대한민국 해병대를 창설하였다.

해병대 창설배경은 1948년 10월 여·순 반란 사건 진압에 참가한 해군 임시함대의 함장인 신현준 중령이 "상륙군 없이 반란군을 완전 진압하지 못한다"는 전투상보를 보고하였는데, 해군 참모총장 손원일 제독은 김성삼 대령에게 해병대 창설을 지시하게 되었다.

당시 해군은 함정세력만으로 국내 정세의 혼란을 평정하는데 어려움이 있었고, 삼면이 바다인 우리나라의 지리적 여건에 따라 상륙작전을 주 임무로 하는 해병대 창설은 필수불가결한 것이었다.

해병대는 창설과 더불어 진주·제주 공비 토벌작전에 참가하여 혁혁한 전과를 세워 해군의 위상을 높였고 해병대를 국민에게 널리 알렸다.

2. 창설

1) 해병대 창설 배경

(1) 배경 : 여순 반란사건(' 48. 10. 19.)

① 여수 주둔 제14연대 내 좌익분자(김지회 중위, 지창수 상사, 홍순석 중위) 일당들의 폭동으로 수백 명의 군인 봉기 여수/순천 점령 약탈, 방화, 양민 학살을 자행

② 반란군 제압작전을 위한 해군 임시함대 편성 참가

- 임시함대 함장 : 중령 신현준(초대 해병대 사령관)
- 해군 해안 봉쇄 및 함포사격 임무 부여

③ 작전 종료 후 「상륙군 부재로 반란군 완전진압 불가」에 대한 작전 결과 보고

④ 해군 참모총장 김성삼 대령에게 해병대 창설 지시

(2) 창설 동기

① 삼면이 바다인 한반도의 입지적 조건하에서 국가이익과 군사전략 수행상 상륙전 전담부대 필요성 제기

② 여순 반란사건 후 수륙 양면 작전의 필요성 증대

- 해상전투력의 육지에 투사 필요성

③ 해군 육상기지의 경비부대 필요

『해병대 발상탑』

※ 여·순 반란사건과 해병대 창설 비화

1948년 10월 19일, 전남 여수와 순천 지구에서는 그 지역에 주둔하고 있던 육군 14연대 내에 침투 조직되어 있던 김지회 중위, 지창수 상사, 홍순석 중위 등 3명의 주모자와 40여 명의 남노당 프락치들에 의해 주도된 반란, 폭동사건이 발생하여 그 두지역에서 군, 경을 비롯한 약 2,000여 명의 관민이 살해당하는 끔찍한 비극이 초래된 바 있었다. 그런데 그 사건은 해방 후의 정치/사회적인 혼란을 반증하는 불행한 사건이긴 했지만 다른 한편으로는 그 사건이 직접적인 계기가 되어 창설을 보게 된 것이 곧 대한민국의 해병대였다.

사건이 발생하자 육군에서는 그 당시 광주지국에 주둔하고 있던 제2여단과 제5여단을 통합한 전투사령부를 설치하여 폭동 진압작전을 전개한 끝에 22일에는 순천을 탈환하고 27일에는 여수를 탈환하는데 성공했으나, 22일 육군의 진압작전을 지원하기 위해 편성했던 해군 진압부대(임시함대 : 함장 중령 신현준)는 제반 여건과 능력의 한계성 때문에 해상으로 도주하는 소수의 반란군을 분쇄했을 뿐 이렇다 할 성과를 거두지 못했다. 그리하여 손원일 참모총장을 위시한 해군 수뇌부에서는 그 작전의 결과를 면밀히 분석하는 과정에서 대두된 다음과 같은 가정적인 판단 즉, “만약에 우리 해군에 육전대나 해병대와 같은 특수한 전투부대가 있었더라면 결과는 달랐을 것이 아니겠는가?” 라는 가정적인 판단과 그러한 판단에 따라 제시된 일부 지휘관 및 참모들의 건설적이고 애군직인 의견과 건의가 그러한 특수 보대를 갖는 것이 삼면환해의 조국강토를 지켜 나갈 우리 해군의 필연적인 당위성으로 인식되고, 또 해군의 현실과 미래를 위해 그 필요성이 절감됨에 따라 마침내 그 창군기의 해군 수뇌부에서는 결코 용이할 리 만무한 시대적인 여건을 무릅쓰고 시작이 반이라는 말이 있듯 그 역사적인 사건을 계기로 끈덕지게 박차를 가한 끝에 드디어 그 어려운 일을 성사시키고야 말았다.

『참혹했던 여·순 반란사건』

2) 해병대 창설 시 기구도

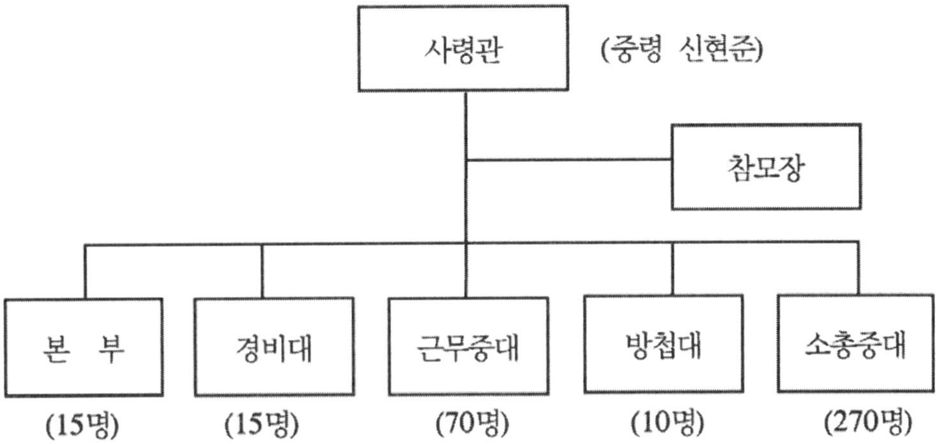

- 창설 일자 : 1949. 4. 15. (진해 덕산비행장)
- 인원 : 장교 26명, 부사관 54명, 병 300명(총 380명)
- 근거 : 대통령령 제88호('49. 5. 5. 해병대령)

『초대 사령관 신현준』

『초창기 해병대 간부들』

3) 창설당시 일반현황

(1) 인사행정

① 해군 예속부대로 대·내 인사 사령관 관장

② 복장 계급/계급장 : 해군과 동일

③ 훈련복 : 일본군 육전대 복장 모방 및 해군과 식별 용이토록 훈련모에 1cm정도 흑선 표시

④ 철모 모표 : 닻을 중앙 놓고 소총을 양 사선으로 그려 사용

(2) 교육훈련

『해병대 교육 훈련 지침』

① 교육훈련 이념

1. 해병대는 일치단결하여 유사시를 대비하고 교육훈련에 정진하자. 2. 민(民)에게는 양이 되고, 적(敵)에게는 사자가 되자. 3. 국가와 국민을 위하여 자유를 수호하는 역사를 창조하자.

② 교재 : 일본군의 보병조전(步兵操典)과 해군필휴(海軍必攜)를 번역 사용

③ 교과목 : 도수훈련, 진중근무, 각개전투훈련, 분대전투훈련

(3) 장비 및 보급

① 개인화기 : 일본군이 쓰던 99식 소총, 훈련시 목총 사용

② 철모 : 일본군 철모와 미군의 Fiber(화이버)를 혼용

『해병대 1기생』

『해병대 초창기 복장』

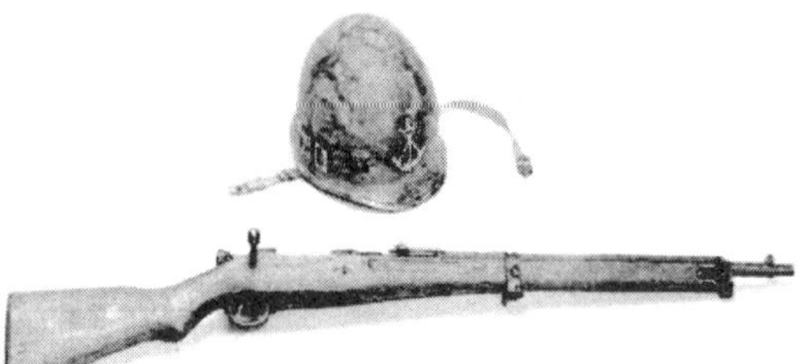

초창기철모와 99식소총

(4) 해병대 특유의 기질 배양에 주력한 강인한 교육훈련

① 15초 기준의 신속성 요구
  1) 내무생활간 행동거지의 신속성(15초 기준)
  2) 기관총, 박격포 사격준비 : 15초 이내 완료
② 강인한 체력 및 해병대 특유의 근성 배양
  1) 산악 및 험로 행군에서 4시간 만에 32km 주파
  2) 포복으로 1km이상 전진
③ 교육훈련 일일 종합평가 및 반복훈련
  1) 과업 종료 후 사열을 통한 일일 교육훈련 결산 후 반복훈련 실시
④ 천자봉 구보/행군은 해병대 긍지 함양을 위한 정신적·육체적 도장

4) 교육훈련에 전념 해병대 특유의 정신력 및 인내력 배양 시기

(1) 부대 증편 및 군가 제정

① 해병대 신병 제2기생(440명)을 해군에서 인수 및 장교/부사관 수 명이 전보되어 2개 대대로 증편.
② 나가자 해병대가 제정, 사용(해병대 첫 군가임)
  1) 해병대에게 어울리는 독특한 군가가 필요하다는 의견 대두
  2) 군가 제정위원회(위원장 : 중령 김성은)에서 나가자 해병대가 채택

나가자 해병대가 제정 유래

나가자 해병대가는 신영철 해병(예비역 소령)의 작사 초고를 약간 수정하고 김형래씨(당시 경찰악대장)가 작곡하였으며, 다시 이병걸씨(해군 군악대장)가 군악으로 편곡한 것이다.

※ 나가자 해병대가의 제정비화3)

창설기에 제정된 이 '나가자 해병대'의 군가는 다음과 같은 내력을 지니고 있다. 즉 1기 신병교육대로 편성된 2중대 2소대에는 입대 전 장미악극단에서 독립운동에 관한 무대극본도 썼고, 모 영화사의 조감독으로서도 활약을 한 적이 있는 신영철(申英撤1924년생)이란 특별한 소대원이 있었는데, 그의 그러한 이력과 재능을 알게 된 소대장 강복구 중사가 우리 해병대에도 군가가 있어야 되겠다는 생각에서 가사를 만들어 볼 것을 제의한 것이 직접적인 계기가 되어 마침내 시작(試作)이 이루어지게 된 것이었다.

그리하여 2절로 된 그 가사가 만들어지자 강 중사는 그것을 지휘계통을 통해 사령부에 제출하게 됨으로써 군가의 필요성을 느끼게 된 사령부에서는 참모장을 위원장으로 하는 군가제정위원회를 구성하여 대내외에 가사를 공모하는 절차를 거쳐 결국 가장 우수한 작품으로 선정된 그 신영철씨의 가사를 당선작으로 선정하되 심의 과정에서 다소의 수정작업을 거치는 한편 3절을 추가로 만들어 최종적인 확정을 했다.

그리고 작사가 완성되자 사령부에서는 신영철씨의 건의로 장미악극단의 단장으로 있다가 그 악극단이 해체되어 수도 경찰청 악대에서 활약하고 있던 김형래(金炯來·영화배우 金진규씨의 삼촌)씨에게 의뢰하여 작곡을 했던 것으로 전해지고 있다. 일설에는 그 군가를 보급할 때 군가지도를 한 이병걸씨(상사)를 작곡한 사람이라고 주장하는 사람도 있으나 그러한 주장은 군가지도를 해 준 사람을 작곡자로 착각한 때문이지 근거가 있는 주장은 못된다.

왜냐하면 군가제정에 관여했던 사람들 가운데 그런 주장을 하는 사람이 전혀 없고, 그 당시 해군에는 동경음악학교 출신인 남궁요열씨(당시 해군군악학교장)와 통제부 군악대장으로 있던 한상기(韓相基)씨 등 쟁쟁한 음악가들이 있었는데, 굳이 작곡을 의뢰할 사람을 군 내부에서 찾을 형편이었더라면 그러한 음악가들에게 의뢰를 했지 하필이면 통제부 군악대에 있다가 군악대를 그만 두고 해병대로 전입한 이병걸 하사관에게 그런 주문을 했겠는가 하는 생각도 해 봐야 할 것이다.

곡명이 시사 하듯이 씩씩하게 나아가는 전진적인 기상이 넘쳐흐르는 이 군가는 제1절에서는 충무공의 순국정신을 계승하여 국토 통일에 힘차게 진군할 것을 다짐하고 2절에서는 청룡과 맹호라는 두 낱말로써 바다와 육지에서 싸우는 해병대의 주 임무와 투혼, 그리고 3절에서는 설사 어떠한 일이 일어난다 하더라도 해병의 끓는 피로 통일에 앞장서고

3) 정채호. 「해병대의 전통과 비화」. (화정. 2000). pp. 43~45.

야 말겠다는 통일에 대한 굳건한 의지를 강조했으며, 후렴에서는 전진하는 그 키(舵)의 방향과 목적의식을 천명했다.

비교적 쉬운 어구에다 각 절의 내용이 단조롭고 알기 쉬운 문맥으로 돼 있을 뿐 아니라 또한 가사에 알맞게 유연하고 씩씩한 행진곡으로 작곡되어 있어 어른들이나 아이들 할 것 없이 쉽게 익혀 부를 수 있는 친근감을 느끼게 해 주는 군가이다. 이 군가가 제정되자 해병대에서는 조석(朝夕) 별과 시간을 이용해서 연습을 했고, 통제부에서 운용하고 있던 진해 읍내의 해양극장에서도 연습을 했는데 그 때까지 주로 해군 군가만을 불러왔던 장병들은 일종의 소유의식 때문이었는지 더 한층 열을 올려 제창(齊唱)을 했다.

그 때 군가를 지도했던 사람은 통제부 군악대에 몸담고 있다가 해병대로 전입해 있던 이병걸 하사관이었는데 그가 지도하는 바에 따라 기간장병들과 훈련병들은 왼손을 왼쪽 허리에 갖다 대고 주먹 쥔 오른 팔을 좌우로 흔들면서 지도요원의 선창에 따라 제창을 하기도 하고 때로는 중대별 소대별로 이중창을 하기도 했다.

그리고 특히 이중창을 할 때는 어느 쪽이 더 힘차게 부르는지 경쟁을 시켰기 때문에 인후염에 걸려 음식을 먹지 못하는 파열현상이 빚어지기도 했지만 이 군가의 제정으로 창설기의 병영(兵營)에는 사기(士氣)의 분수가 쉴새없이 용솟음 쳤다. 그리고 그 때 제창했던 그 군가는 뒤에 실감나는 상황이 연출되겠지만 6.25의 격전장과 월남의 하늘 아래에서도 씩씩하게 메아리쳤다.

나가자 해병대(신명철 작사, 김형래·이병걸 작곡)

1) 우리들은 대한의 바다의 용사 충무공 순국정신 가슴에 안고
태극기 휘날리며 국토 통일에 힘차게 진군하는 단군의 자손
나가자 서북으로 푸른 바다로 조국건설 위하여 대한 해병대

2) 창파를 헤치며 무쌍의 청룡 험산을 달리는 무적의 맹호
바람아 불면 불라 노도도 친다 천지를 진동하는 대한 해병혼
나가자 서북으로 푸른 바다로 조국건설 위하여 대한 해병대

3) 백두산 봉우리 폭풍이 불고 태평양 검은 구름 굽이치어도
우리의 젊은 피가 약동하는 곳 원한의 삼팔선도 부서지리라
나가자 서북으로 푸른 바다로 조국건설 위하여 대한 해병대

『해병대 군악대 시가 행진』

Ⅱ 진주 및 제주도 주둔기

1. 진주 주둔기(1949. 8. 29.~12. 26.)

1) 개요

- ○ 여·순 반란사건 이래 잔여 공비들이 지리산을 근거지로 진주와 주변 일대의 도시와 촌락에 살인, 방화, 약탈을 자행하는 가운데 민심이 극도로 동요
- ○ 1949. 8.26. 신현준 사령관과 이응준 육군 총참모장이 협정 후 해병대 일부 병력을 진주에 파견 공비 소탕 임무 수행
- ○ 동년 8.29. 김성은 부대 진주 사범학교에 본부를 두고 진주, 창녕, 함안 일대의 공비 소탕 실시

2) 진주 주둔부대 편성

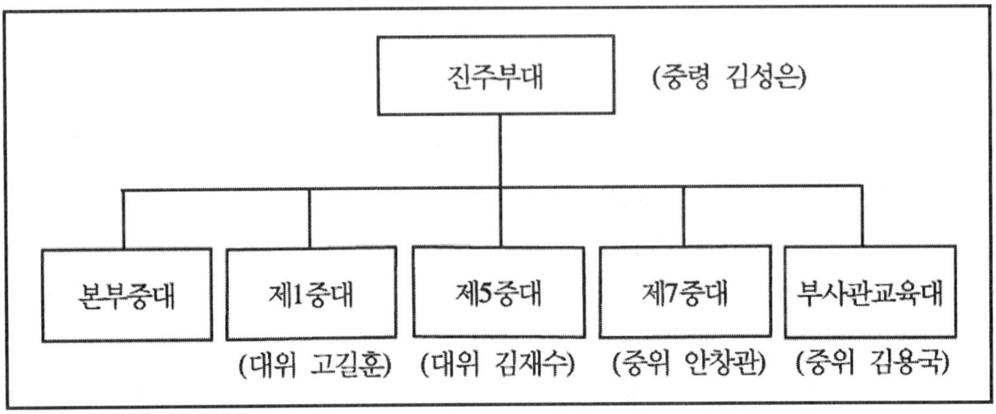

3) 주요 활동

① “백성 없이는 군대도 없다”는 표어로 애민정신 실천 노력 경주
② ’49.10.27. 300여명의 공비들의 야간 기습공격을 격멸함으로써 처음으로 국민에게 해병대 존재를 인식
③ 칼빈/박격포 교육, 침투 및 방어작전에 대한 실전훈련 경험 축적
④ 진주일대의 치안 확보 및 선무활동으로 애민애족정신 구현

※ 진주 주둔기 비화[4)]

49년 8월 26일 대구(大邱)에서는 육군참모총장 이응준(李應俊) 소장과 해병대사령관 신현준 대령과의 특별한 회담이 있었다. 육군 참모총장의 요청으로 개최된 그 대구회담에서 이응준 총장은 육군에서 맡고 있던 진주(晉州)지구의 경비를 해병대에서 맡아 달라는 요청을 했고, 신현준 사령관은 그 문제를 해군 참모총장(손원일 제독)에게 보고하여 그 요청을 수락하게 되었는데, 그러한 일이 곧 해병대의 진주 주둔기를 있게 한 배경이 되었다. 그 당시 진주에는 마산에 주둔하는 육군16연대의 1개 대대병력이 배치되어 지리산을 근거지로 외곽지역의 촌락에 출몰하여 살인과 약탈 방화를 일삼는 공비들을 소탕하는 가운데 진주시의 안전을 도모하고 있었으며, 그 공비들은 여순사건을 일으킨 반란군의 잔당이었다.

부대 파견 결정이 내려지자 신현준 사령관은 7월 중순경에 신병 교육대를 수료한 1기

4) 해병대 사령부. 문화와 가치. pp. 51~52.

신병들로 편성한 2개 중대(1중대와 5중대)와 8월초에 발족한 하사관교육대(약50명)로 파견부대를 편성하고 참모장 김성은 중령을 부대장으로 임명했다. 한편 이러한 일들은 불과 이틀 동안에 진행되어 3일째 되던 날(29일)에 진주로 출동했는데, 이러한 일이 이루어지는 동안 신현준 사령관은 임무 교대에 따르는 협의와 지형정찰 등을 위해 보급관 홍정표 소위와 하사관 교육대 소대장 강복구 상사 등을 진주로 보내어 육군부대(16연대의 1개 대대병력) 본부가 있는 진주사범대학교와 진양군청을 방문하게 하는 한편 그처럼 촉박한 일정 속에서도 남모르게 파견부대의 마크를 고안하여 참모들에게 선을 보였는데, 그 마크를 제일 먼저 본 사람으로 알려진 이판개씨(당시 사령부 통신관, 대령예편. 작고)가 남긴 증언에 따르면 서랍 속에서 만년필로 그려 놓은 그 마크를 꺼내 보이며 신현준 사령관은, "이 소위, 진주 파견부대의 마크를 고안한 것인데 어떤가?"하고 말했다고 한다. 그 때까지 해병대는 해군의 상징마크인 엥카(닻)를 해병대의 상징마크로 여기고 있었을 뿐 독자적인 마크에 대한 생각은 하지 못하고 있던 그 시절에 신 사령관이 X자형으로 세워진 두 개의 총대와 총대가 교차된 부위 아래쪽에 엥카를 그려 넣어 해군의 육전부대를 상징케 하는 마크를 고안했다는 사실은 매우 의미 있는 일이라 하지 않을 수 없을 것이다.

그 후 신현준 사령관이 고안했던 그 육전부대 마크는 제대로 빛을 보지 못하고 일부 장병들이 카바가 없는 그들의 철모 앞부분에 흰 페인트나 먹으로 그려 붙이고 다녔을 뿐 51년 가을 지금의 해병대 마크가 제정될 때까지 유야무야한 존재가 되고 말았다. 그러나 해병대 사령부에서는 해병대 창설 15주년이 되던 64년 덕산비행장 기지 내의 동네산(△43)에 발상탑(發祥塔)을 건립할 때 탑신 꼭대기에 구조된 그 마크를 부착시켜 둠으로써 실재했던 그 마크의 역사성을 기념하고 있다.

『공비 토벌 후 촉성루에서 기념촬영』

『진주 토벌작전 전사자 영결식』

2. 제주도 주둔기(1949. 12. 28.~1950. 9. 5.)

1) 개요

○ '49. 12. 29 진주일대의 공비 토벌 後 해병대 전 부대 제주도로 이동
○ 해병대는 제주도로 이동 후 제주읍 부대와 모슬포 부대로 증편하여, 한라산을 중심으로 준동하는 공비 토벌작전 전개
○ 당시 제주도는 4. 3사건 뒤 전화(戰禍)가 회복되지 않았으며, 군에 대한 원한과 공포심을 갖고 있었음.

2) 제주도 주둔부대 편성

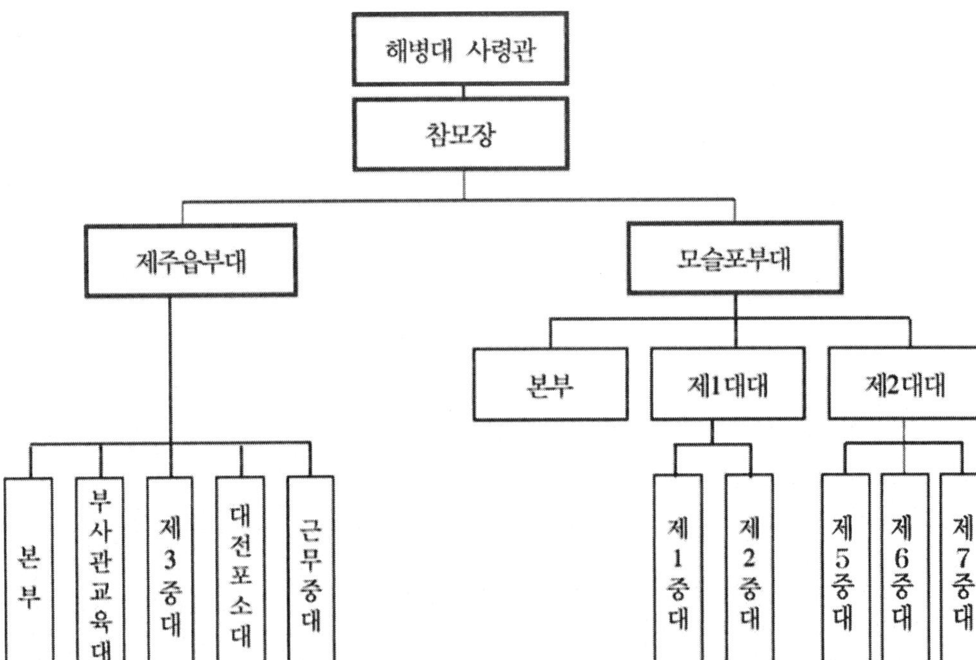

3) 주요 활동

① 초기에 공비 토벌작전보다 선무공작과 민심수습으로 의료진료, 시설 복구, 농번기 대민 지원, 주민 계몽활동 등으로 제주도민들에게 재기의 힘을 불어넣어 생활 안정 도모
② 육군 제9연대, 2연대, 경찰, 서북청년단이 토벌하지 못한 공비를 성공적 소탕 해병대 신뢰 증진을 가져옴

※ 제주도 주둔기 비화[5)]

4.3사건이 일어난 후 한라산(△1950m)에는 수백 명의 공비들이 입산했으나 군경 및 서북청년단원들에 의한 대대적인 소탕작전으로 그 수가 격감되어 해병대가 제주도로 이동했을 당시에는 약 100명 정도의 잔당이 남아 있는 것으로 추산되고 있었다.

해병대의 한라산 공비토벌작전은 일차적으로 50년 2월부터 6.25 전쟁이 일어날 때까지 수행되었다. 그 기간 중 3개분대로 편성된 932토벌대(사령부 정보대 소속)는 오백장군(五白將軍)과 1394고지 부근의 세오름(三岳), 돌오름(石岳)을 중심으로 한 지역을 담당하고, 소대 단위 또는 분대 단위로 편성된 모슬포부대의 토벌대는 한라산 상봉(上峰)을 중심으로 한 그 서쪽 지역을 담당했는데, 이러한 지역들은 해병대가 처음으로 토벌대를 투입한 지역들이었다.

산세가 험한 한라산에는 자연동굴과 일본군이 포진지나 탄약고로 파놓은 인공적인 동굴이 많은 데다 기상 이변이 심해 토벌작전에 많은 문제가 수반되었다. 특히 초목이 무성한 여름철과 백설이 쌓이는 겨울철에는 성과가 더욱 부진했다. 공비들은 동서남북으로 사방에 눈에 잘 띄지 않는 위병소를 설치하거나 위장을 하고 나무위에 올라가 망을 보고 있다가 토벌대가 접근해 오면 민첩한 신호에 따라 간 데 온 데 없이 잠적해 버리곤 했다. 따라서 평범한 수색방법으로는 그들을 수색해 낸다는 것은 여간 어려운 일이 아니었으므로 아군 토벌대를 후각(嗅覺)에 의한 수색활동을 벌이거나 까마귀떼를 보고 공비들의 잠복처를 수색하는 방법을 동원했다. 식량을 조달하기가 어려워 야생 우마를 도살하여 연명을 하고 있던 그들의 잠복처에서는 으레 고약한 악취가 풍기기 마련이었고, 그들이 방분한 배설물에서도 그런 악취가 풍겼기 때문에 그 고약한 냄새를 쫓는 수색방법이 가장 효과적인 방법이었고, 또한 그러한 악취를 쫓아 취식(取食)을 일삼는 까마귀 떼를 쫓게 된 것이었다.

50년 2월 하순경 세오름 부근에서 수색전을 벌이고 있던 김익태(金益泰) 분대장의 932부대 토벌대는 약 100미터 전방에서 10여 마리의 까마귀들이 공중에서 선회하고 있는 것을 목격하고 재빠르게 그 현장 가까이로 다가가 목표지점을 쌍안경으로 살펴봤더니 남루한 옷을 걸친 공비 3명이 그들이 잡아 놓은 야생마의 껍데기를 벗기고 있는 중이었다. 그래서 그들을 해치우기 위해 좀 더 가까운 곳으로 접근해 가던 중 토벌대의 접근에 놀라 까마귀들이 갑자기 날아가는 바람에 부득이 그 위치에서 집중사격을 가해 3명중 2명은

5) 정채호. 앞의 책. pp, 63~66.

사살하고 1명은 놓치고 말았다. 그런데 상황은 그것으로 끝나지를 않고 그 주위를 수색하고 있던 대원들은 가시덤불로 입구가 가려져 있는 곳에서 조그만 동굴아지트 하나를 발견했을 뿐 아니라 바로 그 근처에 산 채로 잡혀 있는 수척해진 말 한 마리가 혓바닥과 아래위턱이 노끈으로 챙챙 동여 매인 채 나무에 붙들어 매여 있는 것을 발견했는데, 한 분대원이 죽임을 기다리고 있던 그 말의 묶여 있는 곳을 대검으로 풀어 주자 그 말은 슬픈 울음소리를 내며 휘청거리는 걸음걸이로 허둥지둥 산 아래로 달아났다고 한다.

2주일 내지는 약 1개월간씩 교대로 투입이 된 토벌대 대원들은 계곡지대의 자연동굴과 인공적인 동굴들은 거점으로 삼아 수시로 장소를 옮겨가며 수색전을 벌여야 했으므로 피로가 겹칠 수밖에 없었다. 특히 여름철에는 극성을 부리는 모기떼와 짙은 안개와 비바람 등으로 말할 수 없는 고초를 겪었고, 겨울철에는 추위와 눈얼음 때문에 혹독한 고초를 겪었다. 끝으로 전설적인 화제를 남긴 932부대의 진두태(陳斗泰) 분대장(상사)과 처녀공비 '연옥'이에 관한 이야기를 소개해 둔다.

일본군에서 복무할 때 아무리 적탄이 빗발치는 상황 하에서도 절대로 허리를 굽히지 않고 용감하게 서서 돌진한 군인으로 알려져 있었고, 단칼에 쳐서 떨어뜨린 적자의 수급(首級)을 말안장에 매달고서 의기양양하게 진중으로 돌아오는 삼국지(三國誌)의 맹장(孟將)들을 동경하고 있었다는 진두태(陳斗泰) 상사는 어느 날 한라산 골짜기에서 사로잡은 공비의 목을 일본도(日本刀)로 베어 그것을 허리춤에 매달고 돌아와 부하 대원들과 기념사진을 찍은 다음 조조(曹操)가 뒺에 걸린 관우(關羽)의 목을 베어 유비(劉備)의 진영에 보내기 위해 소금이 담긴 통(桶)속에 넣었듯이 그 목을 소금통(桶)에 담아 신현준 사령관과 김성은 참모장에게 보인 연후에 공비들로 하여금 장례를 지내게 한라산 골짜기에 갖다 두려다가 산중의 공비들에게 외면을 당할 것 같아 양지 바른 한라산 기슭에 정중하게 묻어 주었다는 전설적인 화제를 남겼다. 혹자는 그 이야기가 진 상사의 꿈속에서 이루어진 것이라고 하고 혹자는 그렇지가 않다고 한다. 빗발치는 적탄 속에 용감히 서서 돌진을 했다는 그 진두태씨는 그가 2대대 정보장교로 있을 때인 51년 3월 7일 진두에 서서 박지산(薄芝山·△1391)을 정찰하던 중 적병의 저격탄에 미간(眉間)을 맞아 애석한 최후를 맞이했는데 그 날이 그의 25회 생일이었다.

4.3사건 때 폭도들에게 부역을 한 아버지를 따라 어쩔 수 없이 입산을 했다는 소문이 전해지고 있던 처녀공비 연옥은 토벌대 대원들의 연모의 대상이었다. 꿈속에서 그녀를 봤다거나 꿈속에서 몰래 만나 사랑을 속삭였다느니 하는 따위의 말을 농하는 대월들도 있었고 토벌에 나설 때는 "연옥이를 만나러 간다"는 투의 말을 하기도 했다. 그런데 이러한

얘기와는 달리 실제로 연옥이를 본 사람은 극히 소수에 불과했던 것으로 전해지고 있다. 그녀를 보았다는 한 증인의 말에 따르면 난 한 번 그녀의 뒷모습을 멀리서 바라본 적이 있었는데 그 때 누군가가 뒤에서 총을 쏘자 잠시 뒤를 돌아보며 슬픈 미소를 살짝 짓더라는 것이었고 또 다른 목격자의 말에 따르면 급히 달아나다가 벗겨진 한 쪽 고무신을 주워 봤더니 누더기 같이 기워져 있는 것이라고 했다. 이 밖에도 빈 건방 봉지에 이런 저런 연서(戀書)를 써서 나뭇가지에 걸어 두었다는 얘기도 전해지고 있다.

『한라산 공비 토벌작전』

『제주도 주둔 시 조총 및 조포훈련』

제 3 장

해병대 전투사

제3장 해병대 전투사

I 해병대 7대 작전 추진 경위

1. 해병대 7대 작전 선정

1) 선정 경위

① 1953. 3. 해병대 5대 작전 선정

〈해병대 5대 작전〉 통영상륙작전, 경인지구작전, 도솔산 전투, 김일성고지 전투, 양도작전

※ 근거 : 『해병대 전투사 제1부』(53. 3. 해병대사 발행)

② 1973. 7. 해병대 6대 작전 선정 : 5개 작전에 "짜빈동 작전" 추가

※ 근거 : 『해병대사 7집』 "월남전"편(73. 7. 해군본부 발행)

③ 2002. 4. 해병대 7대 작전 선정 : "장단지구 전투" 추가

가. 1990년대 중반 이후 : 참전원로들의 주요 작전 재검토 요청 접수

나. 02. 1. 24. : 해병대 군사운영위원회 개최

* 장단지구 전투 해병대 주요 작전 삽입여부 토의

다. 02. 3. 14. : 역대 해병대사령관 회의

* 장단지구 전투 해병대 주요 작전 삽입 동의

라. 02. 3. 15. : 해병대 주요 작전 검토 현역/예비역 합동 공청회 개최
* 장단지구 전투 해병대 주요 작전 삽입 동의

마. 02. 4. 8. : 해병대 군사운영위원회 개최
* 해병대 7대 작전 심의 의결

〈해병대 7대 작전〉
통영상륙작전, 경인지구작전, 도솔산전투, 김일성고지 전투,
양도작전, 짜빈동 기습방어전, 장단지구 전투

2) 분석기준

① 아군 전세 전환, 전승의 계기에 기여한 전투
② 심리적 차원 국민을 고무할 수 있는 전투
③ 해병대 역사와 전통수립에 귀감이 될 수 있는 전투
④ 해병대 특징적 전투, 혁혁한 전과 획득한 전투
⑤ 고려요소 : 규모, 작전회의, 기여도, 상훈 등

3) 해병대 7대 작전 개요

(1) 통영상륙작전 현황 분석

① 시기 : 남침(50. 8. 7.~9. 22.)
② 부대 : 김성은 부대(1개 대대), 함정 6척
③ 규모 : 대대급 상륙작전
④ 작전 의의/기여도
가. 한국군 최초 단독 상륙작전 및 유엔군 철수작전 중 방어를 위한 공격전
나. 마산, 진해 해상봉쇄 기도 좌절
⑤ 상훈 : 국방부장관 부대표창
※ 귀신잡는 해병대의 전통수립

(2) 경인지구작전 현황 분석

① 시기 : 반격(50. 9. 15.~10. 8.)
② 부대 : 미 해병1사단, 한국 해병대, 미 육군 7사단, 한국 육군 17연대

③ 규모 : 연대급(대규모 연합작전)
④ 작전 의의 / 기여도
가. 전세의 대역전, 북진 개시
나. 서울 90일 만에 수복, 국민에게 희망과 용기를 줌
⑤ 상훈 : 국방부장관 표창

(3) 도솔산지구 작전 현황 분석

① 시기 : 중공군 개입(51. 6. 4.~6. 20.)
② 부대/규모 : 해병대 1연대(연대급)
③ 작전 의의 / 기여도
가. 전략적 요충지 도솔산 확보(적 사단 격퇴)
※ 양구-인제 양측방 주 보급로 확보
나. 펀치볼 서남쪽 24개 주요 고지 장악
다. 우군 전선 활로 개척
④ 상훈 : 대통령 부대표창, 국회 감사문 전달
※ 「무적해병」 전통수립

(4) 김일성 및 모택동고지 전투 현황 분석

① 시기 : 전선교착(51. 8. 30.~9. 3.)
② 부대 : 해병대 1연대(연대급)
③ 작전 의의 / 기여도
가. 휴전회담 재개로 유리한 지형확보
나. 대규모 연합 펀치볼작전 1단계 작전
다. 전술적 요충지 펀치볼 장악
라. 적의 본거지 내금강산 통제
④ 상훈 : 이 대통령 신인(神人)이 경탄할 공훈 격찬

(5) 양도작전 현황분석

① 시기 : 전선교착(51. 8. 28.~52. 2. 20.)
② 부대 : 해병독립 43중대(중대급)
③ 작전 의의 / 기여도
가. 전략도서 확보작전으로 전진기지 확보

나. 동해상 해상봉쇄선 연장, 적/ 후방 위협
다. 연합 해군활동 지원/ 적 상륙기습부대 격멸
④ 상훈 : 미 은성/동성훈장(각 1명), 을지/충무/화랑 훈장(41명) 수상

(6) 짜빈동작전 현황 분석

① 시기 : 월남전 추라이지구 전투(66. 2. 14.~15.)
② 부대 : 청룡부대 제11중대
③ 작전 의의/ 기여도
가. 적 연대 병력을 격파한 해병대의 전투력을 국내외에 과시한 작전
나. "신화를 남긴 해병"의 전통수립
④ 상훈 : 대통령 부대표창, 전중대원 일계급 특진(장교 제외)

(7) 장단지구 전투 현황 분석

① 시기 : 휴전회담 진행기(52. 3. 21.~휴전시)
② 부대 : 해병대 제1전투단(全해병부대)
③ 작전 의의/ 기여도
가. 수도권 서부전선 방어
나. 군사분계선 아군에게 유리하게 확정
④ 상훈 : 대통령 부대표창, 신익희 민의원 감사장

Ⅱ 한국전쟁시 해병대 전투사

1. 장항·군산·이리지구 전투(50. 7. 15.~7. 22.)

① 경위

한국전에 최초로 투입된 미 제24사단은 오산에서 전투를 하였으나 실패하고 금강산에서 적의 공격을 지연하고자 하였으며, 6·25를 제주에서 맞은 해병대는 서해안을 따라 남하하는 적을 금강에서 저지하고자 출동함.

② 해병대 출동(1959. 7. 15)

약 1개 대대(소령 고길훈) : 3개 중대, 1개 수색소대

③ 장항지구 전투 : 최초의 전투(북한군 제6사단 13연대)

④ 전과 : 적 사살 78명, 포로 5명

※ 해병대 작전명령 제1호

해병대작명 제1호

1950. 07. 14. 1500
제 주 도 제 주 읍
해 병 대 사 령 부

1. 생략
2. 부대는 일부 병력을 군산방면으로 이동하려 함.
   가. 출발시간 별도로 지시함.
3. 출동부대는 07. 15. 01:00 까지 승선을 완료하고 대기하라.
   승선순위 151중대, 152중대, 본부중대, 153중대, 사용선박 FS정 1척
4. 인사참모는 07. 15. 06:00 까지 출동부대 명부를 작성 보고하라.
   군수참모는 07. 14. 19:30 까지 병기, 탄약, 피복, 식량, 기타소요물자를 공급 완료하고 그 결과를 보고하라.
5. 출동 중 부대지휘는 소령 고길훈이 이에 임하라.
   사령부 위치는 변동 없음. 통신사항은 무선통신으로 함.

해 병 대 사 령 관
해 병 대 령 신 현 준

『장항지구전투 요도』

『장항 군산 이리지구 전투 전적비』

2. 함양 · 진주지구 전투(50. 7. 23.~7. 31.)

장항 · 군산 · 이리지구에서 해병대 최초의 전투를 수행한 고길훈 부대는 여수에 도착하여 김성은 부대로 개편하고, M1 소총과 박격포를 지급받아 재무장하였다.

1950. 7. 26 김성은 부대는 육군 제7사단에 배속되어 남원을 거쳐 함양에 도착하여 함양지구 전투에서 적 대대를 격퇴하였고, 50. 7. 29 산청을 경유, 진주로 이동하여 미 육군 제27연대에 배속되어 진주를 방어하였다. 남강을 도하하여 파죽지세로 침공하는 적 제6사단의 공격을 받은 미 육군 제 27연대가 진주를 방어하는데 실패하였으나, 김성은 부대는 진주 망경산을 고수하고 최후의 일각까지 적의 공격을 격퇴하였으며, 명에 의거 마산으로 이동하여 지연작전을 벌이게 되었다.

1) 남원·운봉·함양·안의지구 전투(1950. 7. 23.~7. 29.)

① 7월 21일 고길훈 부대와 김성은 부대 합류(여수) (M-1/박격포 장비)

② 육군 제7사단에 배속

③ 남원-운봉-함양-안의 등에서 전투

2) 진주지구 전투(1950. 7. 30.~7. 31.)

① 7월 30일 미 육군 제19연대에 배속

② 7월 31일 진주 철수, 마산으로 이동

③ 북한군 6사단, 사살 92명, 포로 3명 전과

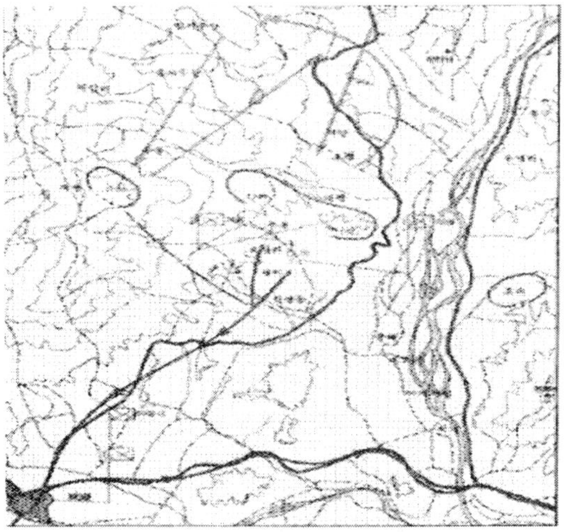

< 함양지구 전투>

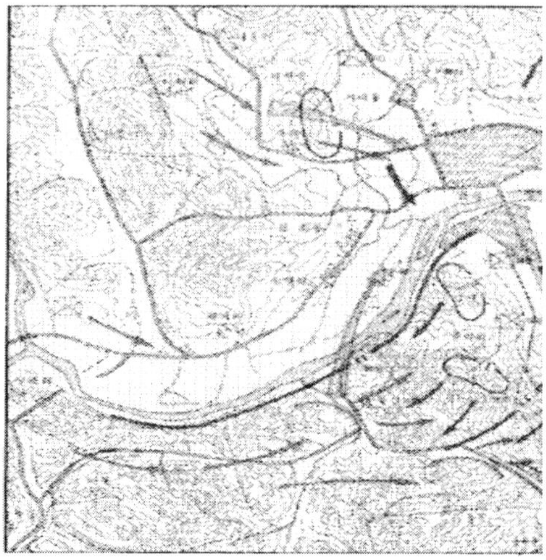

< 진주지구 전투>

3. 진동리지구 전투(1950. 7. 31~8. 13.)

한국전쟁 발발 뒤 후퇴를 거듭해 온 아군은 1950. 8. 1.부터 낙동강 교두보선을 확보하기 위하여 반격작전에 대비하고 있던 중, 해병대 김성은 부대는 50. 8. 3. 경남 진동리 서쪽 고사리에서 북한군 제6사단 정찰대에 기습공격을 감행하여 적 제6사단의 예봉을 꺾어 침공을 저지하였으며, 창군 이래. 최대의 전공의 세워 전장병 1계급 특진의 영예를 얻었다.

동년 8. 7.부터 미 육군 제25사단을 주축으로 킨(KEAN) 특수임무부대가 진주고개로 지향된 대규모 반격작전(1950. 8. 7. ~ 8. 12.)을 전개하는 동안, 해병대는 진동리-마산 간의 보급로를 타개하고 야반산 · 수리봉 · 서북산 일대의 적을 완전히 격퇴하여 낙동강 방어선을 더욱 튼튼히 구축하는 데 기여하였다.

1) 전 황

① 진주를 점령한 적은 진동리, 마산 방면으로 침공
② UN군의 최후 기지인 부산, 진해에 대한 위협 가중
③ 마산 방어의 승패 여부는 부산 교두보 확보와 직결

2) 고사리지구 전투(8. 1.~8. 3.)

① 김성은 부대는 서부지구 전투사령부(소장 이응준)에 배속
② 고사리지역 이동 배치, 적정 파악 주력
③ 적 재6사단 정찰대대와 교전(8. 3. 04:00)
④ 전과 : 사살 87명, 포로 3명, 전차 2대 외 다수

3) 킨(KEAN) 특수임무부대

① 목적
가. 마산 정면의 적 공격 격파 및 대구 정면의 적 분산
나. 진주-사천선으로 방어선 확장 및 차후 공격을 위한 공격작전
② 구성
가. 미군 : 제25사단(Kean 소장), 미 제5해병연대
나. 한국군 : 해병대 김성은 부대, 육군 민기식 부대

4) 진동리지구 전투(50. 8. 5.~8. 15.)

* 미 육군 제25사단(KEAN. T. F) 배속(8. 5.부)

① 8. 5. 마산 경유 진동리에 도착

② 8. 6. 13:10 마산-진동리 가도 340고지 탈환, 진동리-마산간 보급로 확보

③ 8. 7. 09:10 마산으로 철수(미 육군 제24사단에 배속)

④ 제2차 진동리지구 전투(8. 7. ~ 8. 12.) : 서북산, 야반산 일대 적 공격

⑤ 8. 13. 마산 출항, 진해 개선

5) 작전결과

① 북한 6사단의 전투력 감소로 공격기세 약화

② 부산 교두보 확보를 위한 투지를 고무시킴

③ 한국 해병대 전장병 1계급 특진(50. 8. 5.)

『진동리 지구 전첩비』

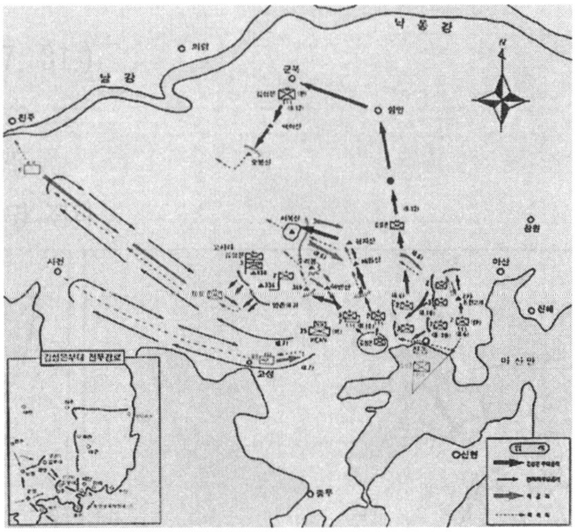

『진동리 지구 전투 요도』

4. 통영상륙작전(50. 8. 17. ~ 9. 22.)

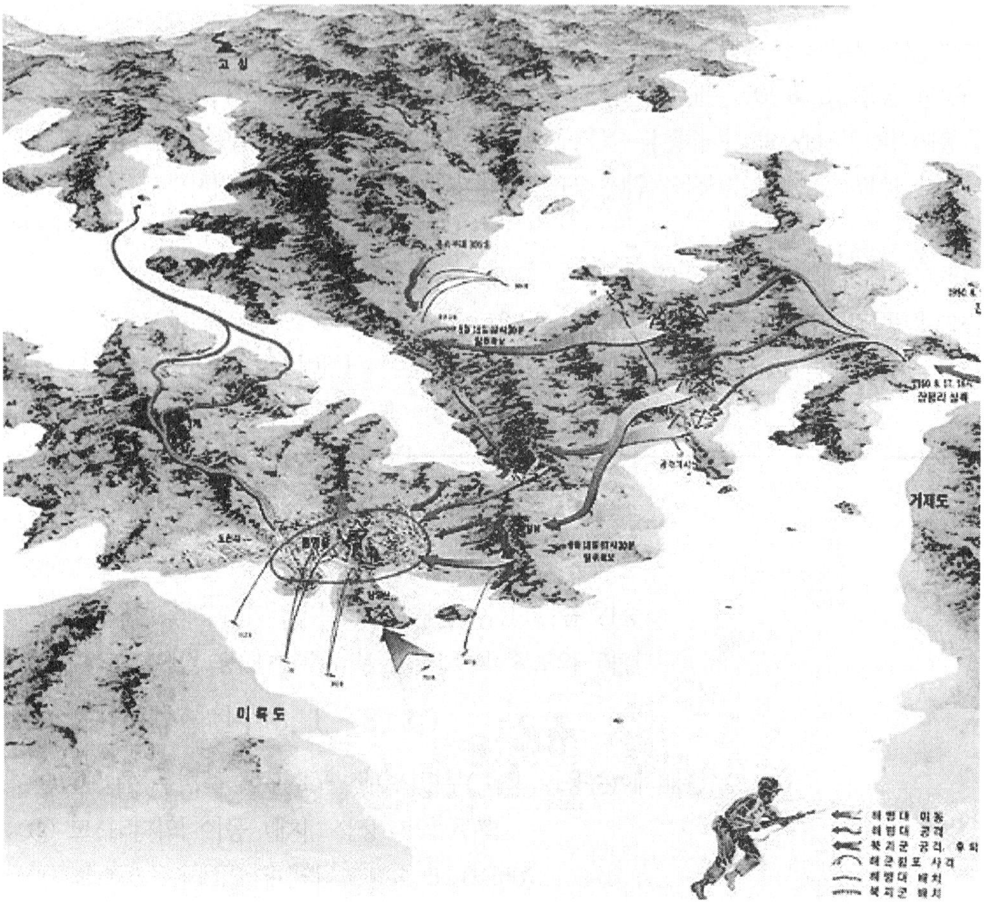

『통영 상륙 작전 상황도』

1) 작전 배경

① 낙동강 전선 피아 대치로 북한군 마산, 진해, 부산 진출 곤란

② 북한군 거제도 점령으로 마산, 진해항 봉쇄기도

③ 통영을 선점하여 적 사정거리의 마산, 진해를 보호

④ 북한군 6사단 전투력 저항

2) 작전 개요

낙동강 방어선에서 교착상태에 빠진 북한군 제7사단이 통영을 침입함으로써 진해, 마산 등의 병참기지와 군항이 봉쇄당하게 되자 해병대 김성은 부대는 50년 8월 17일 18:00에 PC-703호 외 6척의 해군함정 지원하에 장평리 해안에 한국최초 단독 상륙작전을 감행하여 2일 만에 전술적 요충지 통영을 탈환한 후 원문고개에서 적의 집요한 공격을 격퇴하고 이 지역을 방어한 전투이다.

이 작전에서 해병대는 작전의 승패를 좌우하는 매일봉 고지를 선점하여 접근해 오는 적을 집중 사격으로 원문고개를 조기에 탈취 확보함으로써 당시 외신기자들은 한국 해병대를 '귀신잡는 해병대'라고 격찬하였다.

이 작전은 한국 해병대 최초의 단독 상륙작전으로 유엔군 방어를 위한 유일한 공격작전이며 낙동강 방어선의 서쪽 측면을 지키는데 결정적으로 기여하였다.

3) 참가부대

① 해병대 : 김성은 부대 (2, 3, 7중대 500명)
② 해군 : 함정 6척(PC-703, 901, 512, 302, 301, 평택호)
③ 적군 : 북괴 7사단 예하 1개 대대

4) 작전경과

① 북한군 7사난 370명이 고성-통영 방향 공격
② 통영 관문인 원문고개에서 경찰 100여 명 방어중 한산도로 철수
③ 8. 17. 01:00에 통영시내 침입
④ 해군참모총장, 김성은 부대에 거제도 상륙 후 적 격멸명령 하달
⑤ 주변 적정 판단 후 통영에 곧바로 상륙 후 적 격멸명령 하달
⑥ 8. 17. 17:00 통영 공격명령 하달 : 김성은 부대장 해군 함정 통합 지휘
⑦ 8. 17. 18:00 장평리에 상륙개시
⑧ 8. 18. 05:30 망일봉(178고지) 점령
⑨ 8. 19. 10:00 시가행진 실시

5) 작전 의의

① 한국군(해병대와 해군)에 의한 최초의 단독 상륙작전
② "귀신잡는 해병대"의 전통수립
③ UN군 철수작전 중 방어를 위한 유일한 공격작전
④ 전략적 군 요충지 마산, 진해에 대한 북괴의 해상봉쇄기도 좌절

6) 전과

적 사살 469명, 포로 83명, 공용화기 38정, 개인화기 268정 노획

7) 피해

전사 15명, 부상 47명

8) 상훈

국방부장관 부대표창

※ 통영상륙작전 비화록6)

8월 15일 광복절 행사에 참가했던 해병대는 그 다음날 밤 10시경 해군본부의 작명에 따라 소해정 512호와 FS-평택호에 분승하여 통영만으로 출항했다. 해병대에 하달된 그 작전명령은 거제도 서해안에 상륙하여 통영에서 그 해안으로 상륙을 기도할지도 모를 적을 격퇴시키라는 것이었으며, 상륙을 기도할 것으로 판단된 적은 16일 오후 5시경 고성 방면으로부터 내도하여 통영읍에 침입한 약 400명의 적이었다.

그런데 그 두 척의 함정이 통영만으로 항진하고 있는 동안 김성은 부대장은 여러 지휘관들과 통제부 방위대의 백남표 소령 등과 의논한 끝에 몇 백 명밖에 되지 않는 병력으로 거제도의 긴 서해안을 지키는 소극적인 전법보다 차라리 잘 알고 있는 통영 반도에 기습적인 상륙작전을 감행하여 통영읍의 진입 길목인 원문고개를 차단하는 가운데 총공격을 감행한다면 독안에 든 쥐를 때려잡듯 적을 섬멸할 수 있을 것이란 판단을 하게 되어 그 다음날 아침 수색조를 통영반도 동북단의 장평리(長坪理)와 그 대안쪽의 거제도 해안으로 보내어 적정을 탐색한 연후에 FS-평택호의 무전시설을 이용, 해군본부에 3차례나

6) 정채호. 위의 책. pp. 89~94.

작전 명령의 변경 요청을 시도한 끝에 오후 5시경 마침내 승인을 받기에 이르렀다. 첫 번째의 회신(전문)에서는 "통영 읍에 침입한 적은 공군에 요청하여 폭격을 할 테니 명령대로 거제도에 상륙하라"고 했으나 두 번, 세 번, 끈질기게 요청하자 3번째의 마지막 회신에서는 그 작명의 변경을 승인하면서 통영만을 초계중인 PC-703을 비롯, 소해정 302, 307, 901호 등을 총지휘하여 기필코 작전에 성공하라고 했다. 그 당시의 해군본부 작전국장은 이용운 대령이었다.

그리하여 자신의 뜻을 관철하게 된 김성은 부대장은 그 날 정오경 선체를 감추고 있던 지도(祗島) 동안(東岸)에서 회동하게 된 PC-703함 함장 이성호 중령과 사전에 협의해 놓은 바에 따라 상륙해안으로 정해 놓은 장평리 해안으로 상륙을 하되 적으로 하여금 아군이 통영읍 남쪽 해안에 상륙을 하는 것처럼 위장하기 위해 그 남쪽 해안지대에 맹렬한 함포사격을 가하는 양동작전(陽動作戰)을 구사했는데, 그 양동작전을 개시한 시각이 그 날 오후 5시 30분 이었으니 참으로 즉석불고기식 작전이 아닐 수 없었다. 그렇게 하여 상륙에 성공한 상륙부대는 그 이튿날(8.18) 미명을 기해 2중대가 원문고개로 진출하는 한편 7중대가 망일봉(△148)을 선제(先制) 점령함으로써 승기(勝機)를 굳히게 되었고, 20일 오전 10시경에 이르러 시가지를 완전 탈환하게 되었는데, 이 통영상륙작전은 다음과 같은 많은 비화를 간직하고 있다.

즉 18일 아침 망일봉을 선제 점령했던 7중대 대원들은 한 발 뒤 늦게 그 고지로 올라오고 있는 약 100명의 적을 두 차례에 걸쳐 요격하여 무찔렀는데, 특히 두 번째 요격전 때는 망일봉 어깨 너머로 불끈 솟아 오른 아침해가 해병들 편을 들어 눈이 부셔 달아나는 적병들을 노루사냥 하듯 때려잡았다는 얘기도 그 중의 하나이며, 아침 9시경 원문고개의 2중대 진지에선 시내 쪽에서 원문고개를 향해 쏜살 같이 질주해 오고 있는 트레일러가 달린 소련제 지프차를 요격한 끝에 필사적으로 해변가의 숲 속으로 달아난 몇 명의 군관들은 놓치고 말았지만 무논에 처박힌 그 지프차를 노획하여 부대장(김성은 대령)에게 제공함으로써 차가 없어 두발로만 걸어 다니고 있던 부대장으로 하여금 흐뭇해서 입을 찢어지게 했다는 얘기도 그 비화 중의 하나이다.

한편 그 날 아침 10시경 망일봉 위에 지휘소를 설치하고 있던 김성은 부대장과 지상군 부대를 지원하기 위해 이른 아침부터 한산도 앞바다에 진을 치고 있던 PC-703 이성호(李成浩) 함장은 서로가 교신을 할 수 있는 통신수단을 갖지 못하고 있다는 사실을 그제서야 알고 "이런 줄 알았더라면 해병대의 SCR-300 한 대를 주고 왔을 텐데···" "이거야 원, 포를 가지고서도 써먹을 수 없게 되다니···"하며 깊은 고민에 빠지고 있었다. 한데 그로부터 약 30분이 지난 후 그 두 지휘관은 뜻밖에도 그들 앞에 무전기 한 대씩을 가지고 나타난 사람들이 있어 그 무전기로 교신을 함으로써 그 고민을 해소할 수 있었다. 그들 면전에 나타났던 그 두 사람은 전황 취재를 위해 파견된 통제부 공보관 이 모 대위와 김 모 하사관이었던 것으로 알려지고 있는데, 그들 중 이 모 대위는 직속상관(통제부 사령관) 명령 운운하며 통신기를 내놓지 않으려고 했으나 이함장이 권총을 빼들고 사살해 버리겠다고 위협한 끝에 가까스로 건네 받을 수 있었다.

한편 극적으로 교신을 하게 된 김성은 부대장은 적이 숨어 있을 듯 싶은 남망산 숲 속에 몇 발의 포탄을 때려 달라고 요청하여 그 숲속의 적을 혼비백산 시가지 쪽으로 달아나게 했고, 7중대장이 요청한 통영여중 뒷산 계곡에도 몇 발의 포탄을 날려 보내 그 계곡에 숨어 있는 많은 적을 무찔렀다. 그러나 그 날 김성은 부대장은 그 여세를 몰아 감행할 예정이었던 시가지 탈환작전을 중지하고 말았다. 그 이유는 시가지 중앙고지인 178고지에 배치된 적의 저항이 완강한데다 지상군부대나 해군 지원함정이 탄약이 떨어졌기 때문이었다. 진해에서 출동을 할 때 해군본부에서 즉시 추진보급을 해 주겠다고 한 탄약이 도착한 시각은 그 날 오후 4시경이었고, 그 보급선에는 통제부 방위대에서 보낸 1개 중대의 지원병력도 승선해 있었다. 중대장은 김석근 중위였다.

178고지에 대한 공격은 그 이튿날 새벽 2시 20분 3중대에 의해 감행되어 약 1시간만에 작전이 종료되었다. 그처럼 쉽게 점령될 수 있었던 것은 어느새 전의를 상실한 적병들이 대부분 진지를 이탈하고 없었기 때문이었다. 고지를 점령하게 되자 김성은 부대장은 7중대와 수색소대 및 통제부 지원중대를 투입하여 시가지 수색전을 벌인 끝에 오전 10시경 마침내 시가지를 완전 탈환했다. 시가지의 민가 수색전에서는 이런 일들이 있었다. 즉 천장 위에 숨어 있다가 색출된 자들도 있었고, 그 집 아들이나 조카 행세를 하다가 우녘 말씨에 들통이 나고 문패에 적혀 있는 호주의 이름자를 대지 못해 사색(死色)이 된 머리를 빡빡 깎은 소년병들도 있었다.

시가지가 탈환되자 김성은 부대장은 통영에서 패주한 적과 증원병력에 의한 역습공격을 격퇴시키기 위한 원문고개 방어전을 서둘렀다. 김성은 부대장은 시가전에 참가했던 7중대를 2중대의 우일선에 배치하여 원문고개의 방어력을 강화하는 한편 나머지 병력으로 제2선을 구축했다. 원문고개는 동·서로 뻗은 약 1킬로에 달하는 능선지대 상의 한 부위(길목)이고 그 능선의 양쪽 끝은 바다에 접해 있다. 그러므로 철조망이나 사낭, 또는 지뢰 등의 방어용 공병 자재나 무기를 전혀 갖지 못한 상태에서 그 긴 능선지대를 방어한다는 것은 매우 어려운 일이었다. 예상했던 대로 적은 그 날 일몰시와 그 이튿날 새벽 3시를 기해 강력한 화력의 지원 하에 역습공격을 감행함으로써 원문고개와 그 일대의 능선지대에서는 처절한 백병전이 벌어졌는데, 특히 새벽녘의 2차 역습공격 때는 약 80명의 적 특공대가 그 능선지대의 동·서쪽 해안선을 따라 아군진지 후방으로 침투하는 바람에 위급한 상황에 직면했으나 그 특공대가 아군의 2선 배치부대에 의해 역포위를 당함으로써 그 위기를 모면했다.

그런데 그 원문고개 방어전은 다음과 같은 전쟁영웅 한 사람을 태어나게 했다. 다섯명의 적을 쓰러뜨리고 자기 위치를 사수한 7중대 1소대의 소총병 고종석 2등병조가 바로 그였다. 목덜미를 찔려 죽어 있는 그의 시신 주변에는 그의 총검에 찔려 죽거나 개머리판에 두개골이 쪼개진 5명의 적병들이 뒹굴고 있었고, 그가 휘둘렀던 그 M1 소총의 총검과 개머리판에는 그러한 사실을 입증하는 혈흔이 역력했다. 2계급 특진이 상신되었던 고인은 그로부터 먼 훗날 (91년) 한국군의 전쟁영웅으로 추대되어 그 영광스러운 반열에 오르게 되었다.

통영상륙작전은 다음과 같은 찬사와 비화를 남겼다. 즉 원문고개에서 격전이 벌어졌던 그 이튿날 정오경 소와 돼지와 닭을 마구 잡아 와서 전승 축하를 한 용남면 유지들은 "선상님들, 이 은혜 백골난망입니더." "선상님들, 우짜마 그렇게도 용감하게 잘 싸우십니껴." "우리 면민들은 해병대만 믿겠심니더."라는 말들을 했고, 그로부터 수일 후 취재차 원문고개를 방문했던 외신기자들은 전광석화와도 같은 상륙작전의 묘수에 '원더풀'을 연발하며 "정말 당신네들은 귀신도 잡을 만큼 놀라운 일을 해내었소"하며 격찬을 했던 것으로 전해지고 있다. 그러고 김성은 부대장이 남긴 다음과 같은 두 가지 이야기, 즉 원문고개에서 승전을 장식했던 그 날 (8.20) 오후 703함 함장 이성호 중령과 함께 잠시 178고지 남동쪽 기슭에 있는 충렬사(忠烈祠)를 참배하고 공(충무공)의 어전(御前)에서 벌어진 상륙작전과 원문고개 전투에서 공의 후예들이 승전을 거둘 수 있게 도와주신 것을 고맙게 여기며 승전신고를 올렸다는 이야기와 이성호 함장을 비롯, 부장(703) 현시학 소령, 김영관, 이맹기, 신영철 소령 등 작전을 지원한 정장들(소해정)을 부둣가에 있는 요정으로 초대하여 한산도로 피난 갔다가 돌아온 7~8명의 기생들이 시중을 들게 한 가운데 오찬을 겸한 위로파티를 베풀었다는 이야기는 통영지구 전투가 남긴 감명 깊고 이색적인 화제로 전해지고 있다.

원문고개를 방어하고 있던 김성은 부대장은 9월 10일경 명령에 따라 신편중대인 22중대와 25중대를 받아들이는 대신 2중대와 3중대를 인천상륙작전에 참가하기 위해 3개 대대의 해병대 병력이 집결해 있는 부산항 부두로 보낸 데 이어 23일에는 김충남 중령이 지휘하는 통제부 방위대 제1대대에 진지를 인계하고 그 다음날 인천으로 출항, 26일 해병대의 야전사령부가 위치하고 있던 수색(水色)에서 5대대로 개편되어 김대식 중령의 지휘 하에 수도탈환작전에 참가했고, 김성은 부대장은 사령부 참모장으로 복귀했다.

『통영지구 전적비』

5. 경인지구 전투(1950. 9. 15 ~ 10. 8.)

1) 인천상륙작전

(1) 개요

인천상륙작전은 국군과 유엔군이 낙동강 방어선에서 북한군 최후의 발악적인 8, 9월 공세를 저지하고 반격으로 전환하여 전개한 상륙작전이다. 맥아더 사령관은 한반도에서 적을 몰아내고 조기에 전쟁을 종결한다는 계획 아래 1950. 9. 15. 유엔 제7합동상륙기동부대가 261척의 대함대를 동원하여 미 해병대 제1사단과 한국 해병대를 선두로 한미 제10군단(미 제1해병사단, 미 제7사단, 한 제1해병연대, 한 육군 17연대)을 인천으로 상륙시켜 세계 전사에 찬연히 빛날 상륙작전을 전개하였다. 이 작전에서 제7합동상륙기동부대는 48시간 동안 항공모함 함재기 200대의 공중 폭격과 함포 사격을 실시하면서, 9. 15. 06:30 미 해병대 제5연대 제3대대가 20척의 상륙주정으로 녹색해안에 상륙, 월미도를 탈취하였다. 동일 17:30부터는 한·미 해병대가 400여 척의 상륙주정에 분승하여 4회에 걸친 파상공격을 실시, 적색해안과 청색해안에 상륙하여 인천을 방어하는 북괴 인천경비여단과 제18사단 및 제31사단을 격파하고 인천 시가지와 해안두보를 확보하여 서울로 진격할 발판을 구축한 다음 작전지휘권을 미 제10군단에게 인계하였다. 이 작전은 협소한 수로와 10.3m에 달하는 간만의 차 그리고 상륙해안의 악조건 등의 전술적인 제약과 통상 5~6개월이 소요되는 상륙작전준비를 불과 1개월 내에 완료해야 하였던 시간 제약 등의 난관을 극복하고 상륙작전을 성공시킴으로써 수도 서울을 조기에 탈환하고, 낙동강 전선의 유엔군이 총반격작전을 성공시킬 수 있었던 계기가 되었다.

(2) 인천상륙작전 계획수립과정

① 맥아더 장군의 한강전선 시찰(1950. 6. 29.)

"북한군의 남진을 낙동강을 연한 선에서 저지하는 동시에 절대 우위의 제공/제해권을 이용하여 북괴 배후의 요충지인 인천에 대한 상륙을 통해 북한군을 협공할 것"을 구상

② Blue Heart 계획(50. 7. 4. : 극동군사령부의 최초계획)

『맥아더』장군은 【Blue Heart 계획】을 수립하여 50. 7. 22일경 인천에 상륙할 예정이었으나, 지상군이 낙동강전선에서 북한군의 남진을 효과적으로 저지하는데 실패함으로써 Blue Heart 계획은 폐기되고, 상륙작전에 대한 연구를 계속하여 새로운 상륙계획인 【Chromite 계획】을 수립

③ Chromite 계획(50. 7. 23. : '라이트' 장군이 작성한 계략계획)

9월중에 미 해병 임시 제1여단, 미 제2사단으로 3개 지점 중에서 어느 한곳에 상륙

가. 100-B : 인천에 상륙 후 서울, 수원지역을 점령하고, 8군은 반격으로 전환하여 북한군의 병참선 차단

나. 100-C : 군산에 상륙 후 대전방향 공격, 북한군의 우측배후 장악

다. 100-D : 주문진 상륙, 강릉 점령 후 원주로 공격, 북한군의 후방차단

* 맥아더 장군은 100-B 계획 채택

④ 상륙군부대 편성계획 변경(50. 7. 29.)

가. 북괴 제6사단 호남 축선 우회기동(마산-부산 축선 위협)

(가) 인천상륙작전의 전제조건 : 부산 교두보 확보

(나) 최초 상륙작전부대인 미 해병 임시 제1여단과 미 제2사단을 낙동강 방어전선으로 전용하여 북한군의 남진을 저지시도

나. 상륙군 부대 변경

(가) 미 제2사단 → 주일 미 제7사단

(나) 미 해병 임시 제1여단 → 미 해병 제 1사단

⑤ 동경회의(59. 8. 23)

가. 인천상륙작전 반대 이유

(가) 부산으로부터 240㎞ 이격된 지역에 유엔군 병력을 분할 운용시 적에 의한 각개격파 당할 위험 예상

(나) 상륙군 편성을 위해 낙동강 방어선으로부터 해병여단을 전용시 낙동강 방어선 확보 곤란 예상

(다) 상륙작전을 위한 선박의 부족으로 인해 제8군에 대한 보급용 선박을 상륙작전을 위해 전용이 불가피

(라) 미 제7사단을 상륙군으로의 전용에 따른 일본 방어의 공백발생

(마) 인천의 지리적, 지형적 및 해양적 조건 부적합

※ 육군/해군참모총장은 인천 대신 군산 상륙을 권고

○ 조수 간만의 차 극심 : 평균 7m, 최고 11m ○ 수심, 수로조건 및 부두시설 제한으로 군수물자의 조기 축적에 차질 예상 ○ 공격함선 정박구역이 상륙해안으로부터 과도하게 이격(통상 15㎞이나 45㎞ 이격) ○ 인천항 입구에 위치한 월미도에 의한 상륙 방해 ○ 상륙해안의 부적합(암벽, 시가지)

나. 맥아더 장군이 인천상륙작전을 주장한 이유

(가) 병참선의 요충인 서울을 측방에서 기습공격

(나) 신장된 적의 병참선 차단 가능

(다) 서울 조기탈환으로 한국민에게 정치적·심리적 안정감 부여

⑥ 미 제10군단 창설(8. 26.)

- 상륙군부대 : 미 해병 제1사단(스미스 소장), 미 제7사단,
  한국군 해병 제1연대, 한국군 육군 제17연대

〈작전부대 편성〉

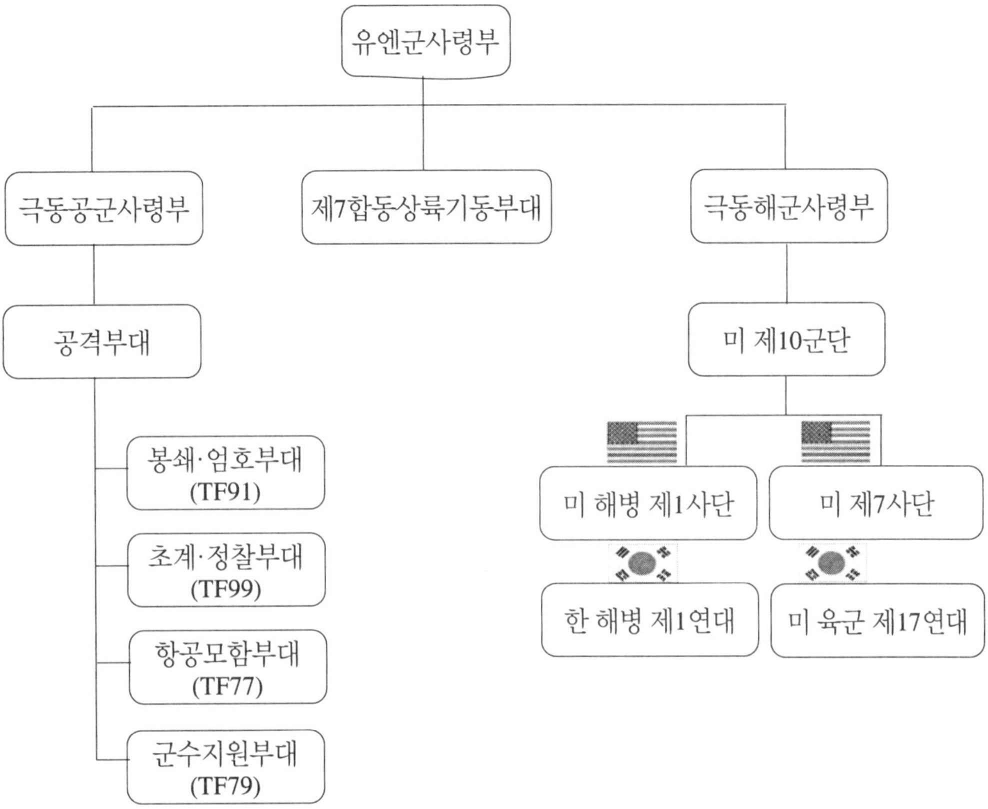

⑦ 인천상륙작전 재검토 의사 타진 : 미 합참 2회(9. 5. 9. 7)

⑧ 미 합참 최종 승인(9. 9.)

(3) 인천상륙작전 경과

① 상륙군 임무

가. 인천항만의 확보, 해안두보 점령

나. 가능한 신속히 진출, 김포비행장 확보

다. 한강 도하, 수도 서울 탈환

라. 미 제8군과 연결 작전

② 한국 해병대 임무

최초 사단 예비가 되어 대기파로 적색해안에 상륙하여 미 제5해병연대와 협조, 인천시가지 점령 작전 실시

③ 준비작전

가. 8월초

(가) 순양함, 구축함, 항모 : 동해안에서 활동, 낙동강 방어선 항공/함포지원

(나) 소함정 : 서해안에서 활동, 해안봉쇄/보급 차단

나. 8. 18. ~ 9. 10. : 서해안 도서 상륙(덕적도, 영흥도, 연평도 등)

(가) 8. 18. 한국 해병대 덕적도 상륙

(나) 8. 20. 한국 해병대 영흥도 상륙

(다) 9. 6. 한·미 해병대 최초 회의

다. 9. 12. : 서해안 폭격

라. 9. 13. ~ 15. : 적 방어선, 교통시설 파괴(함재기(200대))

※ 다양한 기만작전 병행 실시

④ 상륙작전

가. 9. 12. : 261척의 대규모 수송선단, 인천으로 출발

※ 인천상륙작전 기만활동
① 미·영 소규모 특공대 군산 상륙(9. 12.)
② 진남포, 삼척, 원산 일대 동일 규모의 함포사격(9. 13.)
③ 군산을 모형으로 한 공개적 예해연습
④ 군산 해안의 주민 철수를 종용하는 전단 살포(9. 14.)
⑤ 군산 주위 50㎞ 지역 항공폭격(9. 14.)
⑥ 동해안 장사동 일대 한국군 특공대 상륙(9. 14.)
⑦ 미 매스컴 보도 : 10월 이후 반격/인천상륙작전 실시

나. 9. 15. : 작전 개시

(가) 제1단계 작전(월미도 탈환)

- 05:00 함재기 월미도 폭격 개시
- 05:30 순양함 포격 실시
- 06:30 미 해병 제53대대 녹색해안(월미도) 상륙
- 07:59 제1목표 탈환(월미도)

(나) 제2단계 작전(인천 해안두보 확보)
- 17:32 미 해병 제1연대 청색해안 상륙 개시
- 17:33 미 해병 제5연대(-) 적색해안 상륙 개시
- 18:00 한 제1해병연대 적색해안(만석동) 상륙

다. 9. 16. : 인천 시가지 소탕전

(가) 한국 제1해병연대·인천 시가지 소탕작전 참가

(나) 01:30 미 해병 돌격연대 인천 해안두보 완전 확보

※ 미 해병 제5연대 : 인천 시가지 소탕작전을 한국군 미해병대에 인계 후 김포방향으로 진격

라. 9. 17. : 한·미 해병대 부평으로 진격

마. 9. 18. : 미 해병 제5연대 김포 비행장 확보,
미 제7사단 제32연대 인천 상륙

바. 9. 20. : 미 해병 제5연대와 한국 제1해병연대 한강(행주) 도하

(4) 작전의 결과

① 적의 주 병참선/퇴로 차단으로 전쟁의 주도권 UN군으로 급전

② 적 후방지역에 대한 상륙실시로 UN군의 인적, 물적, 시간적 손실 최소화 효과 달성

※ 최소한 5대 지연진지상에서 전투 불가피 : 낙동강선, 금강선, 천안·장호원선, 한강선, 38선

③ 상륙전 측면에서의 의의

가. 상륙작전의 가치와 해군/해병대의 상륙작전 수행능력 과시

나. 해병대의 필요성 재인식

※ 미 합참의장(브래들리) 9개월 전 불필요 주장

다. 상륙전 교리의 타당성 증명

④ 인천상륙의 영향(각국)

가. 미국

(가) 전쟁목적 변경 : 전쟁이전 회복 → 한반도 통일

(나) 상륙작전에 대한 중요성 인식

나. 북한

(가) 전투의지 마비(痲痺), 작전 주도권 상실

(나) 자체 전쟁수행 불가 : 중공군 작전지원

(다) 상륙작전 저지방법 강구 : 원산상륙작전시 방어

다. 중공

(가) 한국전쟁 참전 결정

(나) 전쟁기간 중 상륙작전에 대비

(5) 교 훈

① 상륙작전에 대비한 해군/해병대의 전문화 유지 필요성

② 새로운 상륙전 교리 및 기술/장비 개발의 필요성 대두

③ 상륙작전시 기습효과 달성의 중요성 입증

④ 전술정보의 확보 필요성 대두

⑤ 신형 상륙함정의 필요성 대두

※ 인천상륙작전 참가비화[7)]

8월 말까지 1개 연대 규모로 부대를 증편하게 된 해병대는 9월 1일 명령에 따라 제주도에 있는 전 병력을 이끌고 진해로 이동했는데 9월 2일 진해에 도착하자마자 신현준 사령관은 즉시 왜관으로 이동하라는 신성모 국방장관의 명령을 받았으나 손원일 참모총장의 건의로 그 명령이 취소되고 9월 5일 부산으로 이동하라는 명령을 받게 됨으로써 비밀에 붙여져 있던 역사적인 인천상륙작전에 참가하게 되었다. 그렇다면 9월 2일과 5일이라는 그 시간적인 공간 속에서 과연 어떠한 곡절이 있었던 것일까?

미 극동군총사령부에서 수립한 인천상륙작전계획이 하달된 일자는 8월 12일로 되어 있고, 그 작전계획에 따라 작전에 투입될 10군단이 창설될 당시(8월 중순경) 작전계획본부에서는 7월 18일 화령장(경북 상주군 화서면)에서 거둔 혁혁한 전과(이안천 남안에 매복해 있다가 그 계곡을 통과하는 북괴군 15사단 49연대를 공격 섬멸)로 전 장병 1계급 특진의 영예를 누린 육군 제17연대(김희준 중령)를 상륙군 선봉부대인 미 해병1사단에 배속시킬 방침을 세워 놓고 있었던 것으로 알려지고 있다. 미 해병1사단에 1개 연대의 한국군 연대를 배속시키려고 했던 작전계획본부의 그와 같은 방침은 작전개념에 입각한 작전의 성과 증대를 도모하기 위한 것이었지만 그 때까지만 해도 연대 규모의 부대를 갖지 못하고 있던 한국해병대는 상륙선봉군 부대와 동반 작전을 수행할 1개 연대의 한국군부

7) 정채호. 위의 책. pp. 100~102.

대를 선정할 때 그 대상에 끼일 수가 없었던 것이 분명했다.

육군에서는 17연대에 앞서 7월 6일 6사단 7연대 2대대(김종수 소령)가 동락동(충북 중원군 신니면)에서 거둔 혁혁한 전과(휴식중인 북한군 15사단 48연대를 공격 섬멸)로 7월 7일부로 7연대(임부택 중령) 전 장병에게 일계급 특진의 영예가 주어졌으나 그 7연대는 17연대와 같은 독립연대가 아니었다. 그렇다면 그 17연대 대신 한국해병대를 선택하게 된 결정적인 시기는 어느 때 쯤 이었고, 또 어떻게 해서 그러한 조처가 취해지게 되었던 것일까?

여러 참고문헌과 증언을 토대로 분석해 본 결과 그러한 결정이 최종적으로 이루어졌던 날은 9월 4일이었을 것으로 짐작한다. 왜냐하면 9월 5일 진해에서 부산으로 이동하라는 명령이 내렸기 때문이며, 그 명령이 곧 그러한 결정을 뜻하는 것이었기 때문이다.

그렇다면 과연 누가 그러한 결정을 내리도록 작용을 했던 것일까? 그 점에 대해서는 먼저 이런 견해를 피력해 볼 수가 있을 것이다. 즉 9월 2일 왜관으로 이동하라는 명령이 내렸을 때 그 명령에 따르지 않고 비밀에 부쳐져 있던 그 어떤 대작전에 기왕이면 우리 해병대를 참가시키게 해 달라고 신성모 국방장관에게 간청을 한 그 손원일 해군참모총장과 손 총장의 요청을 받아들여 그렇게 되도록 노력한 신 장관의 각별한 배려가 없었던들 결정권자들에 의한 그와 같은 선택의 변경은 없었을 것이라는 견해이다.

그러한 결정이 내려지게 된 그 이면에는 정확히 어느 날 부터선지는 알 수 없지만 강력한 힘의 작용이 있었을 것으로 추측이 된다.

예컨대 미 8군사령관 워커 중장은 8월 초에 미 8군의 예비대로 확보하는 즉시 킨 특수임무부대의 진주 탈환작전에 투입했고, 또 킨 특수임무부대가 해체된 후 2차에 걸쳐(8월 중순과 9월 초) 위기에 직면한 영산(靈山)지구(낙동강 하류)에 투입했던 미 해병5연대(제1임시여단)를 미 8군의 강력한 예비대로 계속 확보하기 위해 7사단(10군단) 32연대를 미 해병1사단에 배속시켜 줄 것을 끈덕지게 미 극동군사령부에 요청했으나 극동군 미 해군사령관 조이 제독을 비롯한 극동지역의 미 해군·해병대의 군부지도자들과 해병1사단장으로 임명된 스미스 소장의 강력한 반대로 그 뜻을 이루지를 못했다고 하니 17연대의 경우도 역시 그와 같은 힘의 작용에 의해(물론 신 장관의 요청이 있었기에 가능했을 것으로 보지만) 처리가 되었을 것이 아닌가 하는 판단을 해보게 되며, 만약에 그렇지 않았다면 비록 연대 규모의 병력은 되었지만 겨우 대대 편성이 이루어졌을 뿐 연대본부도 편성되지 않고 훈련도 되지 않은 신편 부대를 그 중요한 작전의 동반자로 선택했을 이유가 만무했을 것이다. 일설에 의하면 32연대를 강력히 배척했던 미 해병1사단장이 신편부대인 줄 알면서도 기왕이면 같은 해병대를 동반해야지 생리와 배짱이 맞지 않는 육군(17연대)과는 짝을 짓지 않겠다고 고집을 했다는 이야기도 전해지고 있다. 그러한 곡절 끝에 상륙군 선봉대열에 끼이지 못하게 된 7사단 32연대와 17연대는 비록 인천상륙작전에는 직접 참가하지 못했지만 한·미 해병대의 수도탈환작전 때는 뒤에 가서 언급이 되겠지만 간접적으로나마 일익을 담당했다.

『상륙작전을 지휘하는 맥아더』

『해병대를 지휘하는 신현준 사령관』

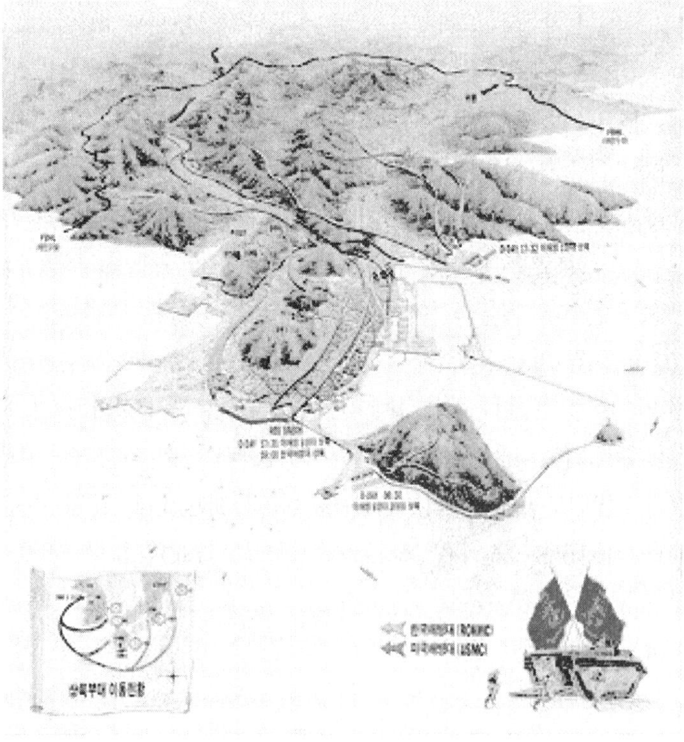

『인천상륙작전 상황도』

2) 서울탈환작전

(1) 개 요

인천상륙작전을 성공적으로 수행한 미 제10군단은 1950. 9. 18. 서울로 진격하여 11일 동안 작전을 전개한 끝에 서울 외곽지역과 시가지에서 북한군 4개 사단(제9사단, 제18사단, 제25여단, 독립78연대)을 격퇴하고 서울을 탈환하였다. 이 작전에서 미 해병대 제1사단과 한국 해병대는 선봉부대로 서울 서 측방에서 수도 중심부로 공격을 개시하였고, 미 육군 제7사단과 한국 육군 제17연대를 서울 남측방과 동 측방에서 우회, 포위 기동으로 적의 퇴로를 차단하는 작전을 전개하였다. 한국 해병대는 9. 20. 한강을 도하, 수색 방향으로 진격한 뒤 최후방어선인 104고지와 연희고지군 일대의 적을 격퇴하여 수도 탈환에 결정적 기여를 하였으며, 시가지 전투를 전개하여 잔적을 격멸하고 9. 27. 06:10에 중앙청에 태극기를 게양함으로써 90일 동안 적의 점령 아래 있던 서울을 탈환하고 9. 29. 이승만 대통령과 맥아더 원수가 참석한 가운데 역사적인 환도식을 거행하였다.

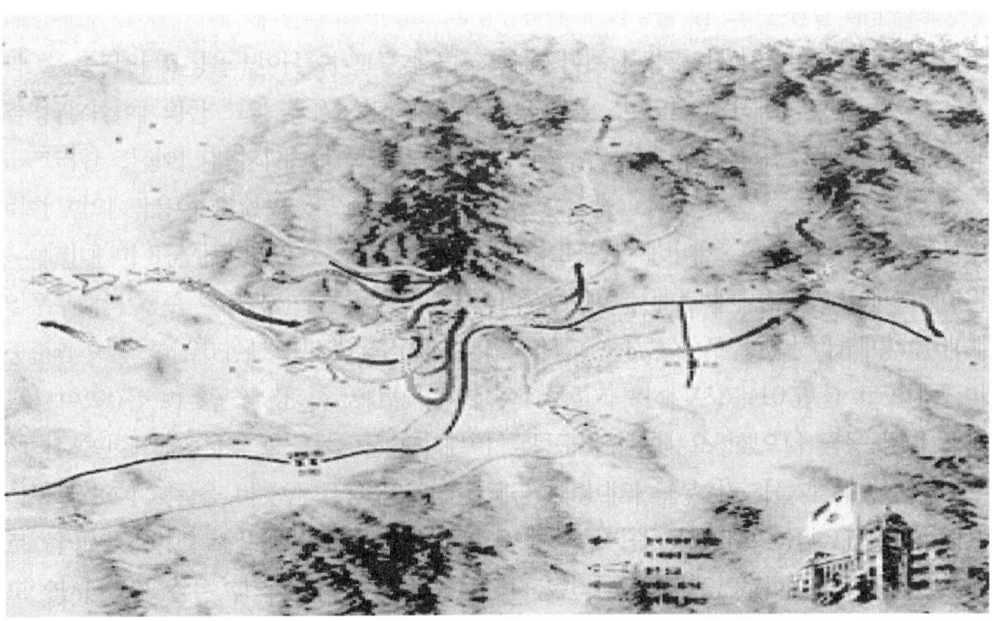

『서울 탈환작전 상황도』

(2) 104고지 전투

① 작전기간 : 1950. 9. 21.~9. 22.

② 작전지역 : 서울 수색

③ 적군 : 미상

④ 아군 : 해병 제1연대 제1대대

⑤ 상황

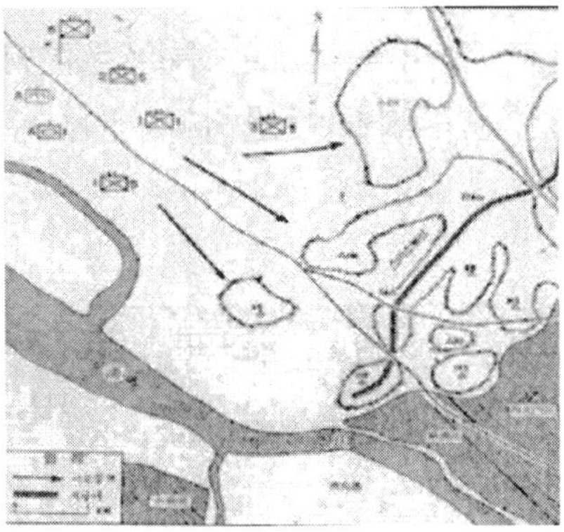

『104고지 상황도』

가. 9. 15. 인천상륙작전에 성공한 아군은 곧 바로 인천을 장악한 후 경인가도를 따라 서울을 향한 진격을 시작하여 9. 17. 부평, 9. 19. 소사 및 영등포, 9. 21. 김포 및 강화도에 진입하였다.

나. 이러한 상황에서도 아군은 공격기세를 살려서 적을 격파하고 서울을 향한 진격에 박차를 가하였다. 이 기간 중에 나타난 적의 저항은 집요한 것이었고, 아군의 손실 또한 적지 않아서 고전하는 경우가 있었으나 대세는 이미 적의 패주로 기울어지고 있음이 분명하였다.

당시 북한군은 유엔군의 기습적인 인천상륙작전으로 당황한 중에서도 민족보위상인 최용건을 서울방위사령관으로 임명하여 지금까지의 패배를 만회하여 보려고 애쓰고 있었으며, 서울을 끝까지 확보할 목적으로 약 2개 연대의 병력을 경인가도에 투입하여 아군의 진출을 저지하기 위해 발악하였다.

다. 당시 공격부대 상황

(가) 미 해병 제1연대(대령 폴러) : 영등포 방면에서 계속 분전

(나) 미 해병 제5연대(대령 머레이) : 9. 20. 새벽 행주 나루터에서 한강 도하 후 서울 서측방에서 압력을 가함.

(다) 해병 제1연대(대령 신현준) : 9. 10. 00:30경 수색을 무혈 점령 후 104 고지 선까지의 진출 시도함

④ 작전 의의

가. 적의 전략적 요충지인 만대리 해안분지(일명 'Punch Bowl')를 남쪽에서 통제 가능

나. 양구 - 인재 양측방 주 보급로 확보로 우군전선 활로개척 주요 고지 장악

다. 가칠봉(현재의 휴전선)을 연하는 선으로 진출할 수 있는 발판 마련

라. 미 해병대가 실패한 난공의 고지를 탈환하여 한국 해병대의 용맹성 과시

마. "무적해병"의 찬란한 전통 수립

⑤ 승리 요인

가. 적을 압도하는 해병대 특유의 감투(敢鬪)정신과 인내력

나. 지형의 적절한 이용과 과감한 야간전투

다. 항공 및 포병의 효과적인 화력지원

⑥ 전투 결과

가. 전과 : 적 사살 3,000여명, 포로 44명, 귀순 7명, 공용화기 75정

나. 피해 : 전사 123명, 부상 400여명

⑦ 상 훈

가. 미국 은성 및 동성무공훈장 수상

* 대령 김성은, 대령 김대식, 대대장, 통신대장 수상

나. 대통령 표창 및 훈·표창장 수상, 한국 국회의 감사문 전달

『도솔산을 방문한 이승만 대통령』

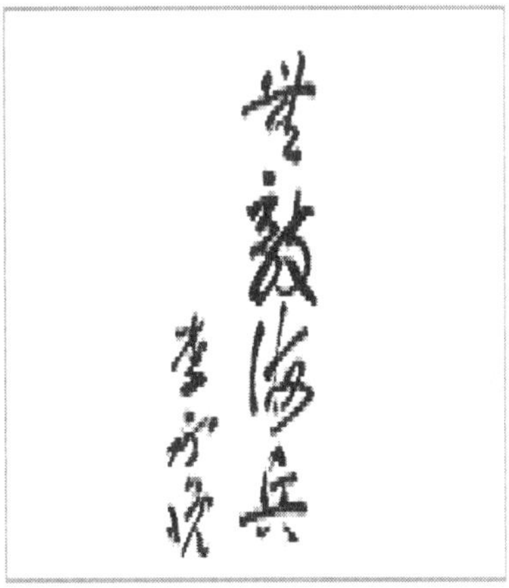

『이승만 대통령의 휘호』

『도솔산 작전 상황도』

〈해병대와 도솔산 전투〉

유엔군은 1950년 10월에 실시된 원산상륙작전 이후 새로운 상륙작전을 시행할 계획이 없었기 때문에 미 해병 제1사단과 한국 해병 제1연대는 보병사단과 동일한 지상전투에 임하고 있었다.

이와 같이 미 해병사단이 미 제10군단에 배속되어 지상전투에 투입되고 있었지만, 그들의 험준한 파도와 적탄을 극복하고 상륙을 감행하는 해병대의 전의와 기개는 험준한 산악지역의 전투에서도 결코 다르지 않았다.

특히 한국 제1해병연대는 미 제5해병연대가 많은 피해를 입고 저지된 광치령 일대에서부터 도솔산을 탈취할 때까지 한국 해병의 용맹성을 유감없이 발휘하였다.

〈도솔산의 노래(이덕근 작사, 한상기 작곡)〉

1) 하늘의 우렛소리 땅위의 아우성 불바다 피투성이 새우기 몇 밤 이 나라 해병들이 명예 걸메고 목숨 내건 싸움터 도솔산일세
2) 아침안개 사이로 햇살을 받으며 돌가루 먼지속에 그리던 간밤 땀투성이 얼굴을 들어 볼 때에 도솔산 고지고지 발아래 있네
3) 돌바위 벼랑에도 골짜기에도 손발의 피땀으로 아로 새겨진 해병대의 그 이름 가실리 없어 세상사람 일러라 도솔산 싸움

* 오~도솔산 높은 봉 해병대 쌓아올린 승리의 산 오늘도 젊은 피 불길을 뿜는다.

7. 김일성 · 모택동고지 전투(51. 6. 4. ~ 6. 24)

1) 개요

① 작전기간 : 1951. 8. 30. ~ 9. 3.

② 작전지역 : 양구 북방 만대리 분지 일대의 924, 1026고지

③ 참가부대

가. 아군 : 제1해병연대(연대장 : 중령 김동하)

나. 적군 : 북괴 제1사단 3연대

1951년 8월 31일 한국전쟁이 교착단계에 접어든 후, 대규모 작전 '펀치볼'(Punch Bowl)지구 전투는 한국 해병대 제1연대와 미 해병대 제1사단이 양구 북방의 만대리 분지(일명 펀치볼)를 확보하기 위해 가전리 일대에 배치된 북한군 제1사단을 격퇴하고 해리스 선으로 진출한 공격이다.

이 전투에서 한국 해병대가 무릅쓰고 수행한 전투는 일명 김일성(924고지), 모택동(1026고지) 전투로써 지형 상 불리한 조건을 무릅쓰고 이중 삼중의 지뢰매설 등 견고한 진지를 구축한 북한군 제1사단 3연대의 난공거점을 치열한 공방전 끝에 격멸하고 4일 만에 목표를 완전 점령함으로써 중동부전선의 요지인 '펀치볼'을 완전 장악하고, 적의 본거지인 내금강산을 제압할 수 있는 발판을 제공한 전투이다.

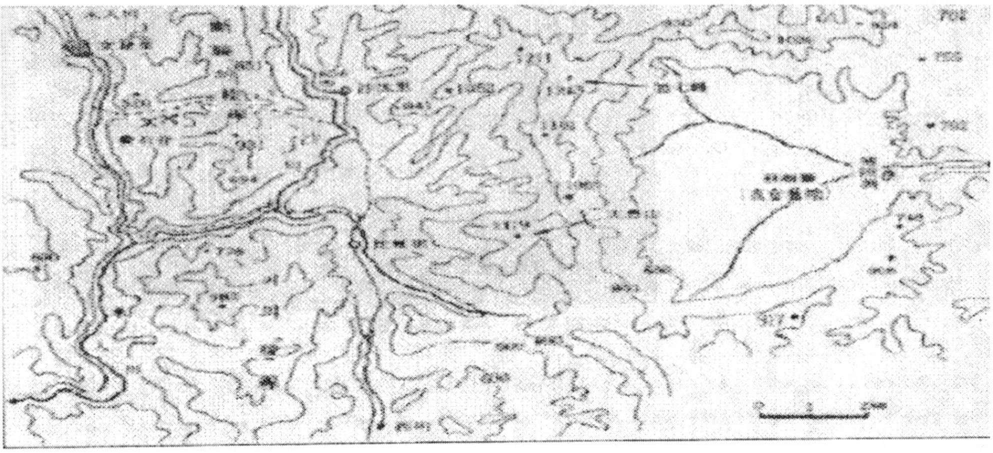

< 펀치볼 부근의 지형요도 >

2) 작전경과

① 8. 26. 출동

② 8. 29. 캔사스선에서 미 해병대와 임무교대

③ 8. 31. 월산령에 집결, 공격개시, 연대장(김대식 대령) 부상

④ 9. 1. 07:00 재차 공격시도

⑤ 9. 1. 20:00 김일성고지(▲924) 점령

⑥ 9. 2. 15:00 모택동고지(▲1026) 공격

⑦ 9. 3. 13:45 모택동고지 점령

3) 전투결과

① 전과 : 적 사살 701명, 포로 244명, 공용화기 71정, 개인화기 324정

② 피해 : 전사 183명, 부상 717명

4) 작전의의

① 펀치볼을 장악함으로써 중부전선의 전술적 요충지 확보

② 대규모 연합(펀치볼) 1단계 작전 수행

③ 적의 본거지인 내금강산의 유리한 지형 확보에 기여

④ 휴전회담 재개로 휴전선의 유리한 지형 확보에 기여

⑤ "임전무퇴"의 전통수립 : 국내 · 외 크게 과시

⑥ "신인(神人)이 경탄할 공훈"이라고 이승만 대통령이 격찬

〈 "펀치볼(Punch Bowl)" 지명의 유래〉

해안 분지는 인제 북쪽 약 15㎞, 서로 사태리 계곡과 동으로 소양강 계곡 사이로 위치한 강원도 양구군 해안면(亥安面)은 전동의 중심 직경 10㎞ 크기의 분지지형을 일컫는다. 이분지는 북쪽의 1026고지, 924고지, 서쪽의 가칠봉(1,242m), 대우산(1,178m), 남쪽의 도솔산(1,304m), 918고지, 동쪽의 달산령, 795고지, 908고지 등으로 둘러싸여 있으며 그 둘레에 삐죽 삐죽한 산정과 고개의 모습이 그러한 모양의 술잔(Punch Bowl)과 같다 하여 서양인이 집필한 전사에는 '펀치볼'로 명명되고 있다.

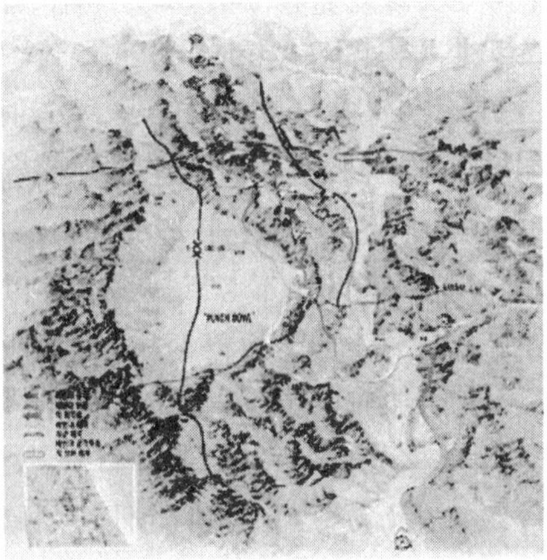

『김일성 고지(펀치볼) 전투 상황도』

『김동화 연대장 상황보고』

『펀치볼』

8. 장단(사천강)지구 전투(52. 3. 18 ~ 53. 7. 27.)

1) 개황

① 1952년 초 수도 서울 방위에 역점을 둔 미 제8군의 전선 부대 재배치

② 개성-판문점-문산지점 및 이를 통과하는 도로 중립화

※ 개성-문산도로 양측 200m 이내 지역에서 전투행위 제한

③ 1952. 3. 17. 제1연대, 부대이동 펀치볼 → 파주군 적성면 장연리 도착

※ 제1연대, 미 해병 제1사단과 함께 중동부전선에서 차량 편으로 장단 지구로 이동하여 김포지구의 독립 제5대대와 연계하여 수도권 방어에 임함.

④ 1952. 3. 20. 사천강 동쪽 한 육군 제1사단 15연대 지역 인수 배치

⑤ 임진강-사천강-한강 하류와 서해안 일대에서 본격적인 수륙양면 작전 및 개성-서울 가도 방어

※ 휴전 회장담(판문점) 중심 반경 1㎞ 이내 지역에서 서측 방호의 중요성 부각

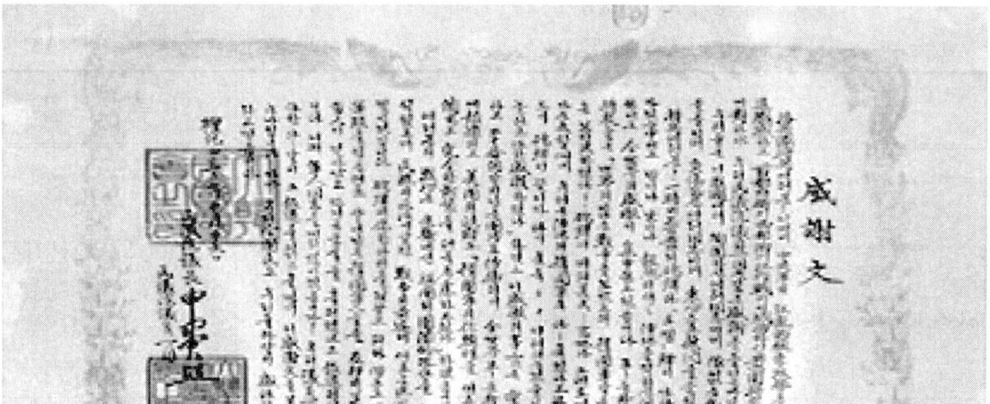

感謝文

『장단(사천강) 전투유공 신익회 민의원 의장의 감사문』

2) 개요

① 작전기간 : 52. 3. 18. ~ 53. 7. 27.

② 작전지역 : 경기도 파주군 사천강 일대

③ 참가부대

가. 적군 : 중공군 제65군 예하 제194, 195사단

나. 아군 : 해병대 제1전투단(최초 해병대 제1연대)

장단(사천강)지구 전투는 1952년 3월 21일부터 휴전시까지 전초진지 쟁탈전이 전개되고 있을 무렵 판문점으로부터 사천강-임진강 하구까지의 11㎞에 달하는 주저항선을 방어하던 해병 제1연대가 주저항선 전방의 8개 전초진지에서 중공군 2개 사단과 약 1년 4개월 동안 대결한 방어전투이다.

이 전투에서 해병 제1연대는 인해전술을 구사하는 중공군 추계 1차 공세의 파상공격으로 말미암아 8개 전초 가운데 원거리에 있는(주저항선 전방 3㎞) 4개 전초진지를 상실한 후, 근거리에 있는(주저항선 전방 1㎞) 4개 전초진지를 확보하기 위하여 강렬한 방어진지를 구축해 놓고 있던 중 중공군 2차 공세를 받게 되자 고수방어, 진내사격으로 유도하여 적에게 막대한 타격을 가하고 이들을 격퇴시키므로 최소의 피해로 최대의 전과를 얻은 서부전선 최초의 전투로서 대통령 표창을 받았다. 이 전투로 중공군은 강력한 화력지원을 받고 있는 해병 제1전투단(52. 10. 1. 창설)의 전초선을 돌파할 수 없다는 사실을 인식하게 되었고, 해병 제1전투단은 휴전 시까지 사천강 동쪽의 주저항선을 확보하게 되었으며 군사분계선을 아군이 유리하게 확정짓도록 하였다.

3) 부대 배치 및 작전지역의 특징

당시 해병대 제1연대는 미 해병대 제1사단의 좌일선 부대로 임진강 하구에서 판문점 남쪽까지의 11㎞ 주저항선과 김포반도 방어를 담당하여 2개 대대를 사천강 동쪽에 배치하고 1개 대대를 예비로 확보하는 한편 김포반도에 1개 대대를 전개하고 있었다.

반면, 사천강을 사이에 두고 해병대와 대치한 중공군은 제194사단 582연대 및 제195사단 584연대를 해병대의 전방대대 정면에 배치하고 제193사단은 개성 서북쪽에 예비로 확보하고 있었다. 해병대가 점령하고 있는 사천강 동쪽은 155고지를 제외하고는 모두 해발 50미터 내외의 구릉과 전답으로 된 개활지이며 임진강을 배후에 두고 있어서 기동에 제한을 받는 지형이었다.

중공군이 점령하고 있는 사천강 서안 일대는 해발 200미터 이상 된 횡격실 고지군으로 되어 있어 지형은 적에게 유리하고 아군은 적의 감제하에 놓여있었다.

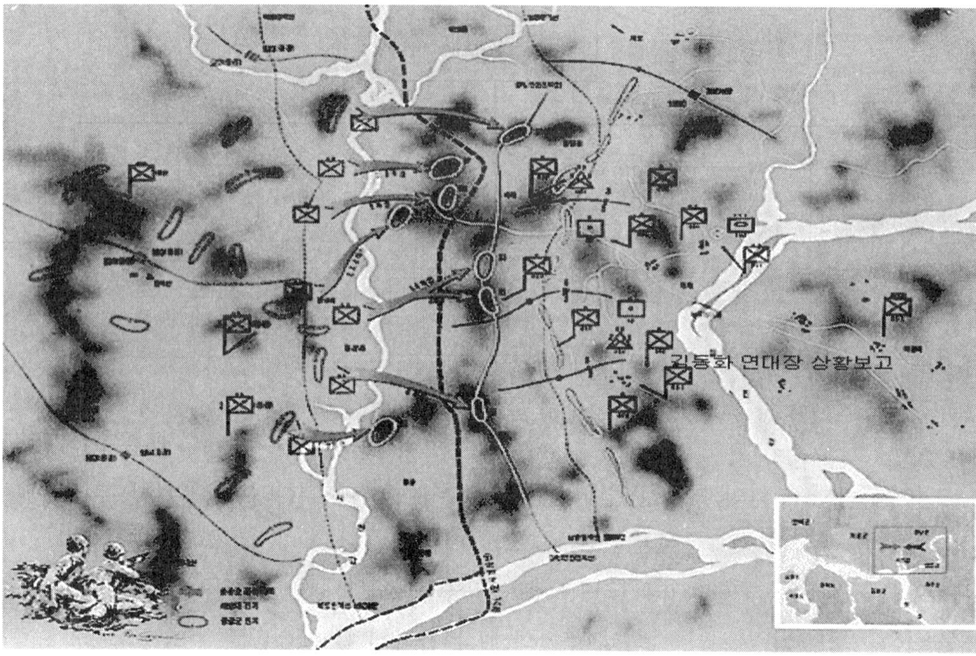

『장단(사천강)지구 전투 상황도』

4) 작전경과

구분	전투기간	부 대	전 투 개 요
제1차 전투	1952. 4. 1. ~ 8. 30.	해병 제1연대 (대령 김동하)	**〈36, 31, 33 진지 방어전〉** - 기간 : 52. 4. 1. ~ 2. - 적2개 대대 규모 2차례 기습 공격 격퇴 중/소대 규모로 적 진지에 야간 기습공격 3회 실시 - 기간 : 52. 4. 3. ~ 8. 30.
제2차 전투	1952. 9. 5. ~ 9. 30.	해병 제1연대 (대령 김석범)	**〈36, 37진지 1차 방어전〉** - 기간 : 52. 9. 6. ~ 7. - 적 중대(증강) 규모 공격을 진내가격과 역습으로 격퇴 **〈36진지 2차 방어 및 탈환전〉** - 기간 : 52. 9. 19. ~ 20. - 적 2개 중대 규모 공격을 역습전으로 격퇴

제3차 전투	1952. 10. 2. ~ 10. 30.	해병 제1전투단 (준장 김석범)	**〈중공군 추계 1차 공세〉** - 기간 : 52. 10. 2. ~ 7. - 적 사단 전면 공격 실시 - 전초 4개 진지 방어선에서 철수, 적을 유인 역습전 실패 ○ 37진지 : 6차례 역습전 실패 ○ 36, 924진지 : 각 진지 적 대대공격으로 탈취당함 ○ 43진지 : 적 대대 공격으로 탈취당함, 2차례 역습전으로 실패 * 전초진지선 재설정(39-33-31-50)
제4차 전투	1952. 10 31 ~ 11. 30.	해병 제1전투단 (대령 김성은)	**〈중공군 추계 2차 공세〉** - 기간 : 52. 10. 31. ~ 11. 1. - 적 사단 전면 공격 실시 - 진내 사격 유도, 고수방어, 예비대 투입, 적 사단 공격 격퇴 ○ 39진지 : 적 대대 2차례 격퇴 ○ 33, 31진지 적 대대 2차례 격퇴 ○ 50진지 : 적 2개 대대 격퇴 * 적 사단 공격의지 마비, 최소피해 최대 전과 획득, 대통령 부대표창

〈제1전투단 창설〉

해병대사령부는 장단지구 전투 중 해병대 제1연대와 김포지구에 투입되어 있던 독립 제5대대를 기간으로 105밀리 포병대대, 전차중대, 공병중대 등이 증강된 연대전투단으로 증편되어 1952. 10. 1. 부로 해병대 제1전투단(단장 김석범 준장)을 창설하는 부대 개편을 단행하였다. 제1전투단은 계속하여 장단지구 및 연천지구 전투를 수행하였다.

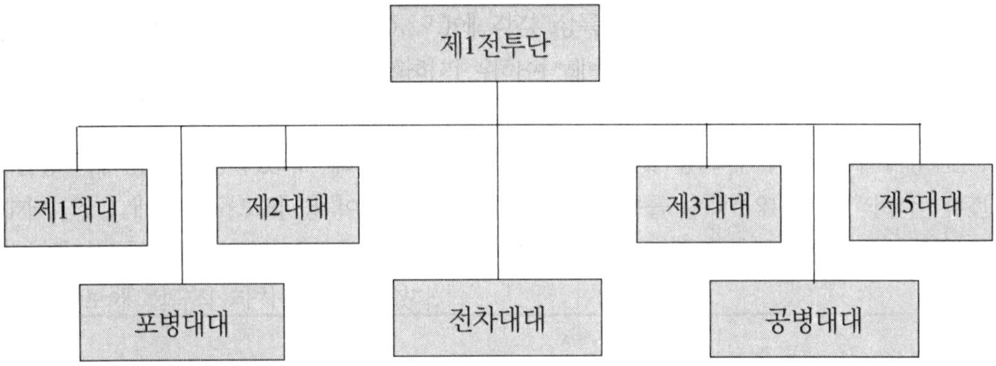

5) 전투결과

① 서부전선 가장 불리한 지형 하에서 임진강을 배수진으로 장기간(16개월)동안 전초기지 작전수행

② 장단지구 사천강을 경계선으로 중공군 2개 사단의 4차례 공격을 진내사격으로 유도, 고수방어, 역습전을 감행하여 적 대규모 부대를 격퇴한 방어전투로서 전몰용사 776명의 고귀한 희생이 있었음.

③ 특히, 제 4차 전투 시 해병대 제 1전투단은 최소의 피해로 최대의 전과를 획득, 대통령 부대표창을 수상하였음.

6) 작전의의

① 군사분계선을 아군에 유리하게 확정짓는데 기여

② 개성-문산 축선을 지켜 수도권 방어에 기여

③ 불리한 지형적 조건에서 16개월간 장기간의 방어 임무완수 → 서울방어선의 서부 책임

※ 해병대 전투 중 가장 장기간의 전투

④ 한국전 종료 시까지 한국 해병대가 명시된 임무수행 → 차후 해병대 확대 개편의 계기

7) 상훈

대통령 부대표창, 신익희 민의원 감사장

구분	전과	피해
제1차 전투	적 사살 68명, 포로 7명 노획품 7점	전사 2명, 부상 13명 실종 6명
제2차 전투	적 사살 121명, 추정사살 126명 포로 1명, 노획품 69점	전사 53명, 부상 27명 실종 4명
제3차 전투	적 사살 1,550명 추정사살 1,060명 노획품 426점(총기류)	전사 66명, 부상 262명 실종 202명, 망실품 673점
제4차 전투	적 사살 337명 추정사살 1750명 포로 9명, 노획품 28점(총기류)	전사 106명, 부상 86명 실종 8명, 망실품 112점

9. 양도작전(51. 6. 4.~6. 24.)

1) 전략도서 확보작전

1951년 초 유엔군이 반격작전을 전개하였으나 전선이 38도선 이남에 형성됨으로써 적의 항만을 봉쇄하고 해상로를 차단하여 적의 해군활동을 저지시키기 위하여 적 후방지역의 연안도서를 점령할 필요성이 대두 되었다. 그밖에도 아군이 평양에서 철수한 이후 월남하는 피난민을 지원하기 위한 해상 수송 작전 안전 확보의 필요성이 제기되어 38도선 이북지역에 있는 전략도서들을 확보하기로 하였다. 이와 같은 결정에 따라 당시 안동·영덕지구 전투에 참가하고 있던 해병대는 동·서해안의 전략도서들을 점령 확보하는 임무를 추가로 부여받아 해병대사령부에서는 3개 독립중대(41, 42, 43중대)를 편성하여 동·서해 도서 작전에 투입하여 작전을 전개하였다.

해병대는 동해안 도서 확보를 위하여 51. 2. 2. 독립 제42중대를 편성하여 동년 2. 14. 원산 앞 여도에 상륙하여 영흥만 일대의 신도 등 7개 도서를 점령하고 원산항을 봉쇄하였다.

1951. 8. 28. 독립 제 43중대는 함경북도 명천 부근의 양도에 상륙하여 차기작전 대비 중, 적 상륙기습부대 1개 대대 공격을 완전 섬멸하는 전공을 세웠다. 한편 서해안 도서 확보를 위하여 1951. 4. 2. 독립 제 41중대를 편성하여, 서해안의 교동도(4. 2.), 백령

도(4. 23), 진남포에 인접한 석도(5. 7.)에 각각 상륙하여 해안선을 봉쇄하였다.

1952. 1. 15. 해안선 봉쇄를 강화하기 위하여 해병대사령부 직할부대로 해병 도서부대를 편성하여 제7대대를 서해도서인 석도 및 초도에 주둔케 하고, 제9대대를 백령도 및 연평도에 증강 배치하였고, 제8대대를 동해도서인 여도 및 양도에 주둔케 하여 휴전 시까지 약 1개 연대 규모의 병력이 전략도서 확보 작전임무를 수행하였다. 이 작전은 휴전 뒤 백령도를 비롯한 서북 6개 도서를 아군 통제 아래 두는 데 결정적인 역할을 수행하여 국가안보에 전략적 가치를 부여하였다.

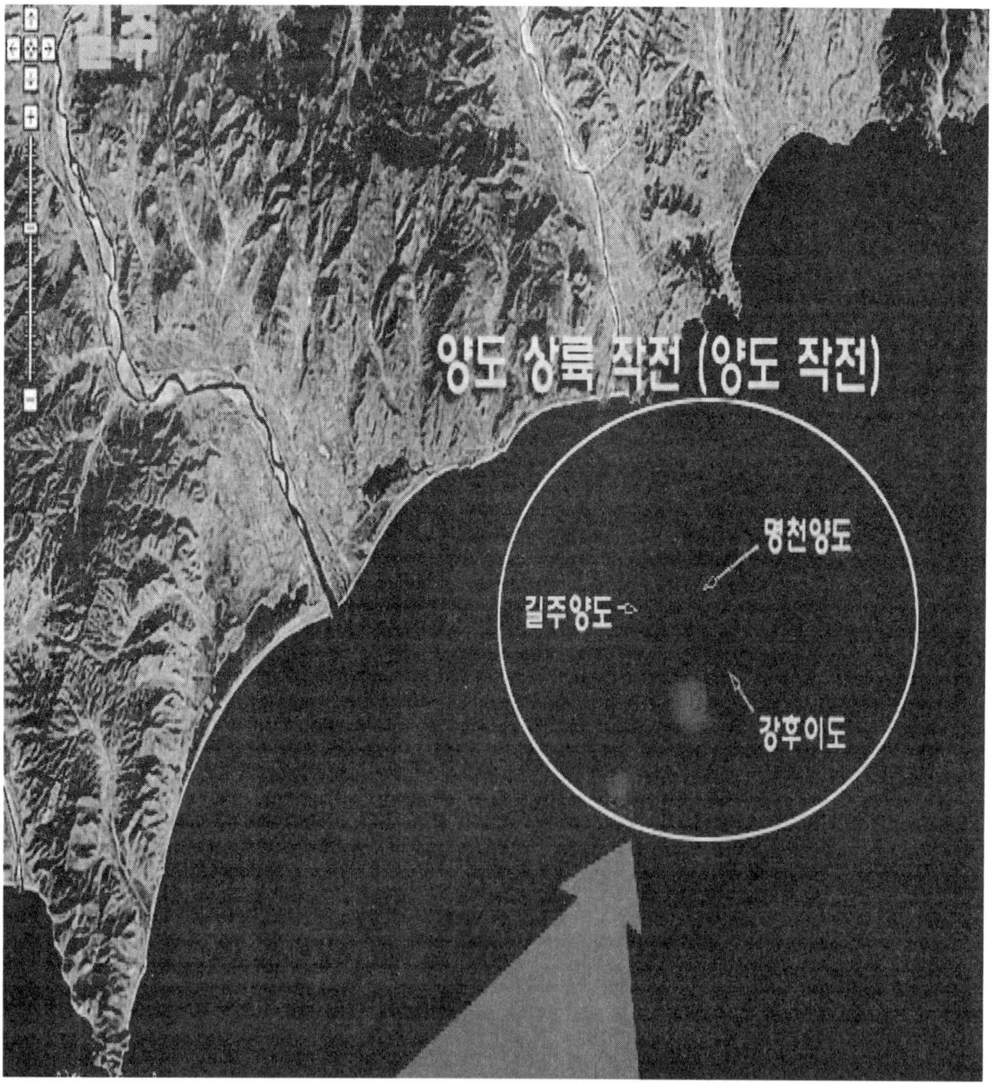

2) 서해도서작전

(1) 독립 제 41중대(중위 이동호)

① 1951. 4. 2. 독립 제 41중대 편성, 교동도 상륙

독립 제41중대는 5일간의 항해 끝에 4. 2. 교동도에 적의 별다른 저항 없이 상륙하였으나, 4. 3.에는 피아간에 5시간 동안 포격전이 벌어졌다. 중대는 20일간의 도민 선무활동과 도서방어 임무를 마치고 4. 23. 백령도 상륙에 투입하였다.

② 1951. 4. 23. 백령도 상륙

당시 백령도는 서해안 해상작전과 정보활동의 중심지로서 육군과 해군 정보대, 미 육군항공대가 주둔하고 있었으며 피난민 8,000여 명도 거주하고 있었다. 피난민 중 청년 300명을 훈련시켜 섬을 방어하도록 하였다.

③ 1951. 5. 7. 석도 상륙

가. 첩보수집활동을 위한 거점 확보

나. 유격활동을 전개하여 적 후방 교란 가능

다. 방공유격대를 조직하여 구월산에 투입시켜 적 군사행동에 타격

(2) 해병 도서부대

① 1952. 1. 18. 연평도 상륙(소대급)

가. 도서경비 및 민심수습

나. 서해안(해주항) 해상봉쇄

다. 애국청년 반공유격대 지원

② 1952. 1. 20. 백령도 상륙

③ 1952. 1. 22. 초도 상륙(중대급)

④ 1952. 1. 15. 해병 도서부대 편성

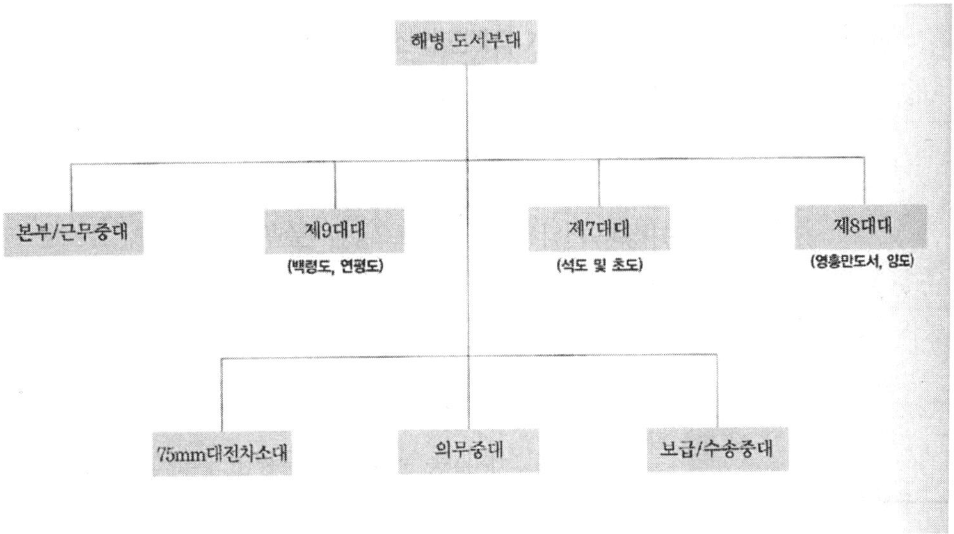
해병 도서부대
본부/근무중대
제9대대
(백령도, 연평도)
제7대대
(석도 및 초도)
제8대대
(영흥만도서, 양도)
75mm대전차소대
의무중대
보급/수송중대

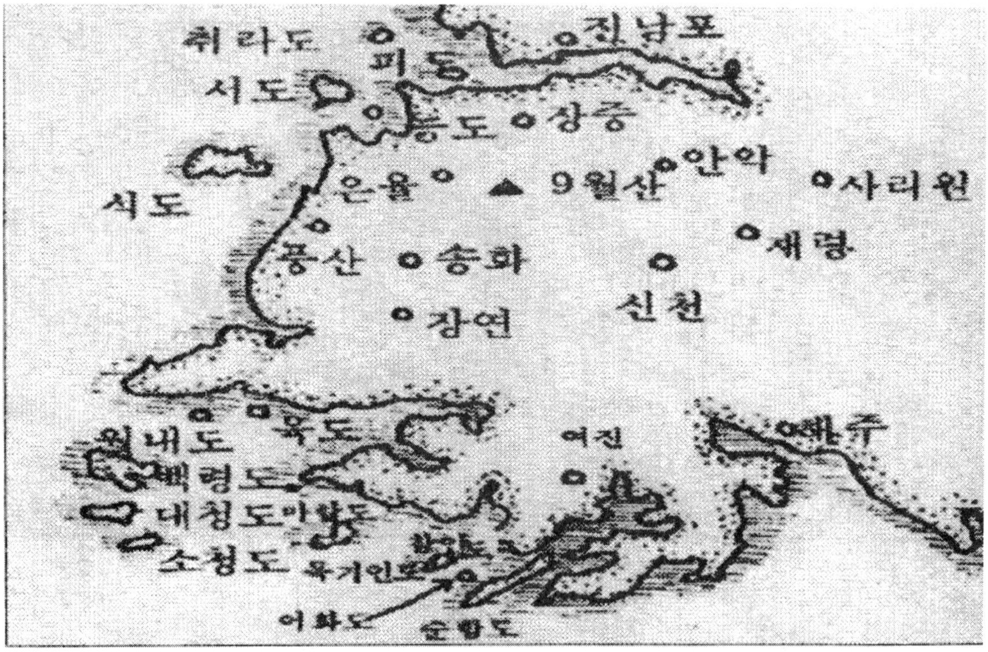
취라도
피도
진남포
서도
안악
9월산
사리원
은율
석도
풍산
송화
신천
장연
육도
해주
백령도
대청도
소청도
어화도

< 서해 도서 일대 요도 >

3) 동해 도서작전

(1) 독립 제42중대(중위 심희택)

① 1951. 2. 5. 독립 제42중대 편성

② 1951. 2. 14. 여도 상륙
2. 24. 신도 상륙
2. 25. 대도 상륙
3. 14. 황사도 상륙

③ 의 의

가. 원산항 봉쇄, 적의 해상진출 저지

나. 적의 보급선 차단

다. 탄착수정, 첩보획득, 조종사 구출

〈제42중대의 원산항 봉쇄〉

제 42중대 (중대장 심희택 중위)는 1951. 2. 7. 진해를 출항(LST 편) 2. 13. 원산 영흥만 해상에 도착하였으며, 수색대를 여도에 상륙시켜 수색작전실시를 한 후 2. 14. 본대가 무혈 상륙하였다. 영흥만 일대에는 여도, 신도, 소도, 대도, 황사도 등의 섬들이 위치하고 있으며, 여도는 영흥만 입구에 위치하여 원산항의 선박출입 통제 가능하였다. 적은 제42중대의 여도 상륙을 간파하고 신도와 갈마반도에서 간헐적으로 여도를 포격하였다. 이런 상황에서 적정수집과 정비를 완료한 제42중대는 2. 24.부터 신도, 대도, 소도, 황사도 등을 순차적으로 상륙하여 7개 도서를 점령 확보하였다. 이로써 영흥만 일대의 도서들을 완전 장악한 중대는 원산항 봉쇄와 확보한 도서를 방어하기 위하여 진지를 보강하면서 적정 탐지 및 첩보수집활동을 계속하였다.

(2) 독립 제43중대(중위 최청송)

① 1951. 8. 독립 제 43중대 편성

② 1951. 8. 28. 04:30 양도에 무혈상륙

가. 목적

(가) 원산항 봉쇄 이후 해상봉쇄선 연장 및 적의 후방 위협

(나) 첩보공작을 실시 차기작전에 대비

〈원산의 전략적 가치〉

1. 동·서부 상호 지원 가능 및 적주요 퇴로 차단
   ※ 동북지방의 중심지, 남북교통의 관문(경원선 철도, 도로)
2. 평양 양면공격 가능
   ※ 평원선 철도/도로의 관문 점령으로 적의 동·서간 연락차단,
   적 분산 강요, 평양 동측방 위협
3. 아군의 해상 보급 원활, 동북방으로 전과확대 용이 및 북한 상공 제공권 확보 가능
   ※ 20분 이내 평양 공격 가능, 북한지역의 유엔 해·공군 작전 반경 확대
4. 소련의 지원 차단
   ※ 블라디보스톡과 평양을 이어주는 중개지

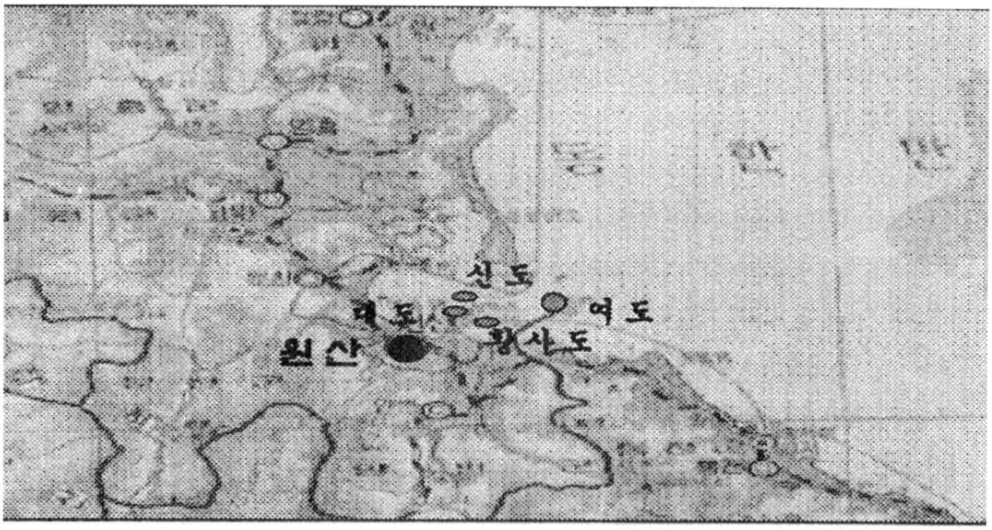

< 여도 일대 도서군 요도 >

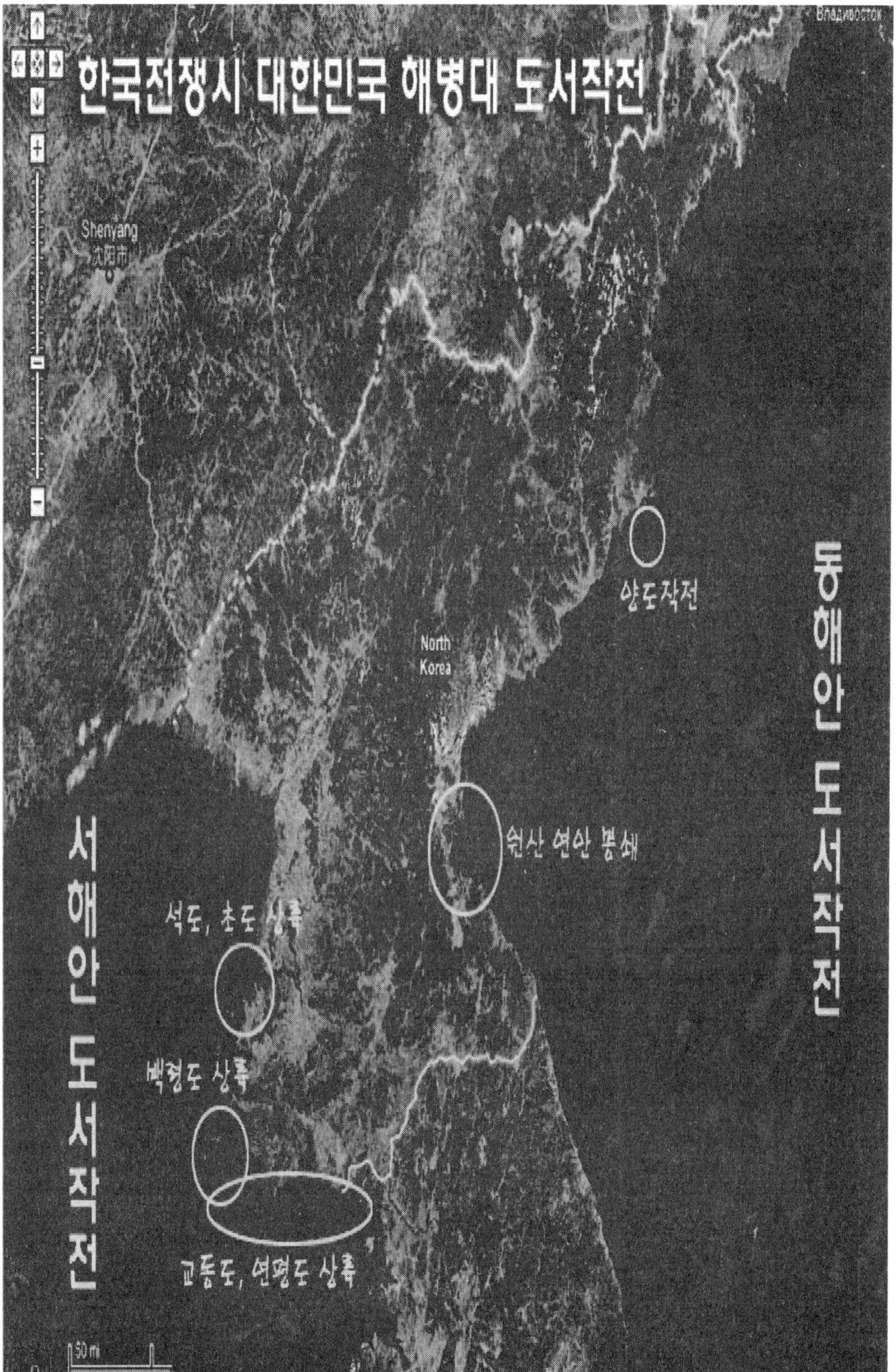
Владивосток
한국전쟁시 대한민국 해병대 도서작전
Shenyang
沈阳市
양도작전
North Korea
원산 연안 봉쇄
서해안 도서작전
동해안 도서작전
석도, 초도 상륙
백령도 상륙
교동도, 연평도 상륙
50 mi
100 km

(3) 양도작전

① 개요

1951년 8월 28일 독립 제43중대는 함경북도 명천에서 3.5㎞ 떨어진 양도에 상륙하여 원산항 봉쇄 이후 해상봉쇄선을 연장하고 적 후방을 위협하는 동시에 첩보공작을 지시하여 차기 작전에 대비 중, 북한군 총사령부 직속 독립 제63보병연대 1개 대대(150여명)가 1952년 2월 20일 야음을 이용 아군 부대를 전멸시킬 목적으로 발동선 2척, 범선 52척으로 양도의 2개 섬(길주양도, 명천양도)에 기습 상륙하여 길주양도 70고지, 명천양도 47고지를 점령하였다. 해병대는 적을 유인하면서 주변 호 속에 포진하여 날이 밝기를 기다려 일제히 공격을 개시 화력과 육박전으로 적을 소탕하였다. 적은 실패한 것으로 판단하고 철수하기 시작하자 전 화력을 집중하여 수제선상의 적 선박을 격침시키면서 미 해군 구축함의 함포 지원사격으로 적 대대를 전멸시킨 작전이다.

② 작전기간 : 1951. 8. 28. ~ 1952. 2. 25.

③ 참가세력

가. 아군 : 독립 제43중대(중위 최청송)

나. 적군 : 북한군 총사령부 직속 독립 제63보병연대, 특별대대

④ 작전경과

가. 1952. 2. 20. 전반야에 북한군은 목선(어선) 52척, 발동선 2척으로 길주양도, 명천양도에 기습상륙

나. 제43중대 1소대(명천양도)는 적 발동선 2척 격침

다. 적 주력 길주양도 70고지 및 명천양도 47고지 점령

라. 제43중대, 고지를 둘러싼 섬 주변 호 속에 포진하여 진지 사수

마. 적은 명천양도 출신 첩보원 안내로 아 진지 공격, 아군은 집중응사로 적을 고지에 집결토록 함.

바. 2. 21. 05:20 적 소기목적 포기하고 범선으로 도주 시작, 아군은 집중 사격으로 적 선박 격침 및 적 섬멸

사. 아군 육박전으로 길주양도 70고지 탈환

⑤ 직진의의

가. 적 대대 상륙을 유인 기습공격으로 격멸

※ 중대장(소대장)의 독단 지휘능력 탁월

나. 동해상 전략도서 확보로 해안봉쇄선 연장 및 적의 후방 위협

⑥ 상 훈

가. 미국의 은성 및 동성무공훈장 수상(각 1명)

나. 국내 을지·충무·화랑무공훈장 수상(41명)

다. 미 태평양함대사령관이 찬사

※ 양도전투의 비화[9)]

함경북도 명천군 상가면으로부터 약 4킬로미터 가량 떨어져 있는 양도(洋島)에는 아군의 상륙할 당시 35세가량 되는 과부 1명과 12~13세쯤 되는 꼬마소년 2명 외에 3명의 70대 노인이 살고 있었으나 그 후 약 100명이 피난민이 모여들어 명태를 잡아 부대에 납품하는 것을 생업 삼아 그럭저럭 연명을 해 나가고 있었다.

그런데 그 2명의 꼬마소년은 그 섬에 배치되어 있다가 철수한 북한군이 남겨 놓은 소년들이란 풍문이 나돌고 있었으나 양도부대 (독립43중대)의 미 해병 고문관실 대원들이 전쟁고아란 이유로 끔찍하게 위해 주고 있었다. 그런데 그 해 연말경 그들이 뗏목을 저어 육지로 가버리자 민간인들이나 일부 해병들의 입에서는 "그들이 수상쩍다"느니 "빈 깡통에 무엇인가 쑤셔 넣고 가는 것 같더라"는 등의 말이 흘러나오고 있었고, 그들이 육지로 간 지 약 두 달 후에 적의 양도 기습사건이 발생했었다. 52년 2월 20일 새벽에 벌어졌던 양도전투의 개요는 다음과 같다.

10여 척의 목선(어선)에 분승한 적 기습부대의 병력은 약 1개 대대였고, 지휘관은 지영무(池英武) 중좌였다. 그 병력 중 주력은 중대본부가 위치한 길주양도에 상륙하고 나머지는 명천양도에 상륙했다. 혹독한 추위 속에 눈발이 흩날리고 있던 이 날 새벽 1시 30분경 길주양도의 북쪽 해안에 은밀히 내습하여 졸고 있던 아군 동초를 감쪽같이 해치울 수

9) 해병대 사령부, 문화와 가치. pp. 219~221.

가 있었던 적병들은 아군의 주진지가 구축되어 있는 섬 중앙부의 70고지로 올라오다가 8부 능선에 설치되어 있는 교환대를 수류탄으로 폭파한 다음 고지 정상으로 올라와'만세'를 부르며 소란을 피웠으나, 잠결에 그런 소리를 듣고 있던 몇몇 대원들은 가끔 그런 일이 있었듯이 초저녁(그 전날)에 육지로부터 포격을 당했다면서 고지 위로 올라와 떠들어대고 있던 그 민간인들 생각을 하며 비몽사몽 잠이 들고 말았고, 다만 배가 아파 용변을 보기 위해 밖으로 나갔던 대원 한 사람이 심상찮은 상황으로 여겨진데다가 발길에 통신선이 절단되어 있는 것을 보고 고지 위의 사람들이 적으로 판단하여 급히 소대본부와 중대본부에 보고하게 되었다.

그리하여 보고에 접한 중대 선임 장교(중대장 대리) 황병호 소위는 즉시 미 해병 고문관 벙커에 연락을 취하여 미 해군 함정에 지원을 요청하는 한편 고지 위의 적을 동과 서에서 은밀히 포위한 다음 60밀리 박격포탄을 고지 위로 집중시키며 협공을 한 끝에 적 부대장 지영무 중좌를 비롯한 6명의 적을 생포하고 83명을 사살하는 전과를 거두었다.

특히 이 전투에서 60밀리 박격포반장 정진영 하사는 정확한 사격술로 발군의 공을 세웠고, 돌격에 앞장섰던 이억수 분대장은 한쪽 어깨에 따발총을 맞자 "제길헐, 따발총탄에 맞아 죽는 자도 군인이라더냐? 돌격하자 돌격해!" 하며 계속 돌진을 하다가 끝내는 복부와 대퇴부에 따발총단의 세례를 받고 장렬한 전사를 하고 말았다.

한편 길주양도 바로 동쪽에 위치한 명천양도에 상륙했던 약 1개 중대의 적은 그 섬 출신의 첩자를 앞세워 아군 진지가 구축되어 있는 남쪽 해안 일대를 돌아다니며 해안 촌에서 민간인들로부터 탐지한 아군 병사들의 이름을 불러 대고 있었으나 그 유인전술이 먹혀들지 않자 칠흑 같은 어둠 속에 아군 진지를 수색하기 위해 47고지 주변을 계속 맴돌고 있었다.

그러다가 새벽 5시경 고지 북쪽 해안에 있는 의무실 벙커를 폭파하여 여러 명의 환자를 폭사시키고 2명을 납치했던 그들은 그길로 상륙했던 곳으로 철수하여 범선을 타고 섬을 빠져 나가기 시작했는데 바로 그러한 시각에 은밀히 그들을 추격하고 있던 이영덕 상사의 1소대가 퇴각을 서두르고 있는 적선을 공격하여 많은 피해를 입혔고, 그들이 타고 왔던 10여 척의 목선은 초계중에 있던 미 해군 구축함의 포격을 받아 모조리 격침

되고 말았다.

이 전투에서 아군이 거둔 선과는 적 사살 83, 익사사 70여명(추정), 포로 13(선원 6명 포함), 적선 격침 15척, 60밀리 박격포 3문, 경기관총 7정, 따발총 및 소총 60여 정 들이었는데, 그 고무적인 승보가 전해지자 해병대 사령부와 해군본부에서는 즉각 전과 확인을 위한 조사단을 구성하여 전과를 확인한 다음 노획무기를 후방으로 반출 하여 부산시민들에게까지 전시를 했다.

한편 혁혁한 전과를 거두게 된 양도부대 장병들에게는 푸짐한 훈장이 수여되었다. 사령부에서 내신한 결과였겠지만 후방 전속발령이 난 상태에서 타고 갈 선편을 기다리고 있던 전임 중대장 최청송 중위와 1소대장 이영덕 상사 및 박격포반장 정진영 하사에겐 을지문덕훈장이 수여되고, 미 태평양함대사령관 죠이 제독의 상신으로 대리근무를 하고 있던 황병호 소위에겐 동성훈장이 수여되었다. 그리고 40명의 유공자 중 10명에겐 충무, 30명에게는 화랑 훈장이 수여됨으로써 기록적인 훈장사태를 빚었다.

그런데 양도전투와 관련해서 그 당시 양도에 기지를 두고 야간에만 특수한 작전을 위해 출동한 해군 PT편대의 기함(정장 황정연 대위)에는 양도 30마일 밖 해상에 위치한 미해군 구축함에서 파견한 연락장교(중위) 한 사람이 탑승하고 있었는데, 그 날 새벽 양도부대 본부로부터 무전연락을 받고 구축함에 지원을 요청 했던 사람은 그 연락장교였다고 하며, 날이 밝은 후 기지(양도)로 돌아와 많은 대원들이 올라가 있는 길주양도의 70고지에 올라가 보았더니 누가 팠는지 몰라도 십자가형으로 파여져 있는 참호 속에 참담한 몰골로 숙어 있는 적병들의 시체가 빽빽하게 들어 있는 것을 목격하고 전생의 비정함을 실감했다고 하는데, 그 시체들은 구축함에서 발사한 VT신관을 장착한 포탄에 당했을 것이라고 했다.

Ⅲ 월남전쟁시 해병대 전투사

1. 해병대 파병

1) 월남파병 경위 및 청룡부대 창설

① 1964. 7. 15. 월남정부의 한국군 전투부대 요청
② 1964. 7. 31. 국회 본회의에서 '국군 해외 파견에 관한 안건' 통과
③ 1965. 2. 5. 제1독립 공병중대 편성
④ 1965. 3. 10. 제1독립 공병중대 비둘기부대(주월 한국 군사지원단)에 배속하여 파월(3. 15. 도착)
⑤ 1965. 9. 20. 제2여단(청룡부대) 결단식 거행(이봉출 준장)
⑥ 1965. 10. 3. 청룡부대 부산항 출항
⑦ 1965. 10. 9. 월남 캄란만 상륙
⑧ 1972. 2. 29. 청룡부대 제5진 부산항 도착/개선 귀국 완료

1965년 8월 17일 제1상륙사단의 제2연대를 모체로 하여 총 4,130명(장교 208명, 사병 3,922명)의 병력으로 제2전투단을 편성하였으며, 그 후 육군 155밀리 1개 포대 및 공병 1개 중대가 배속되었고, 9월 18일 제2여단(청룡부대)으로 증편(증편병력 : 장교 180명, 사병 142명)되어 9월 20일 포항 K-3비행장에서 박정희 대통령을 모시고 전군사상 최초로 전투부대를 해외에 파병하는 역사적인 파월 결단식을 거행하게 되었다.

『박정희 대통령 청룡부대기 수여』

『청룡부대 결단식』

2) 청룡부대 10대 작전

(1) 청룡 1호 작전(65. 12. 16. ~ 66. 1. 16.)

① 최초 여단급 공세작전

② 월맹 정규군 및 게릴라 소탕, 투이호아 평야 평정

③ 전과 : 사살 473명, 포로 18명, 용의자 체포 590명

※ 뉴욕타임지 "우방국 지상 작전에서 거둔 최대 승리"

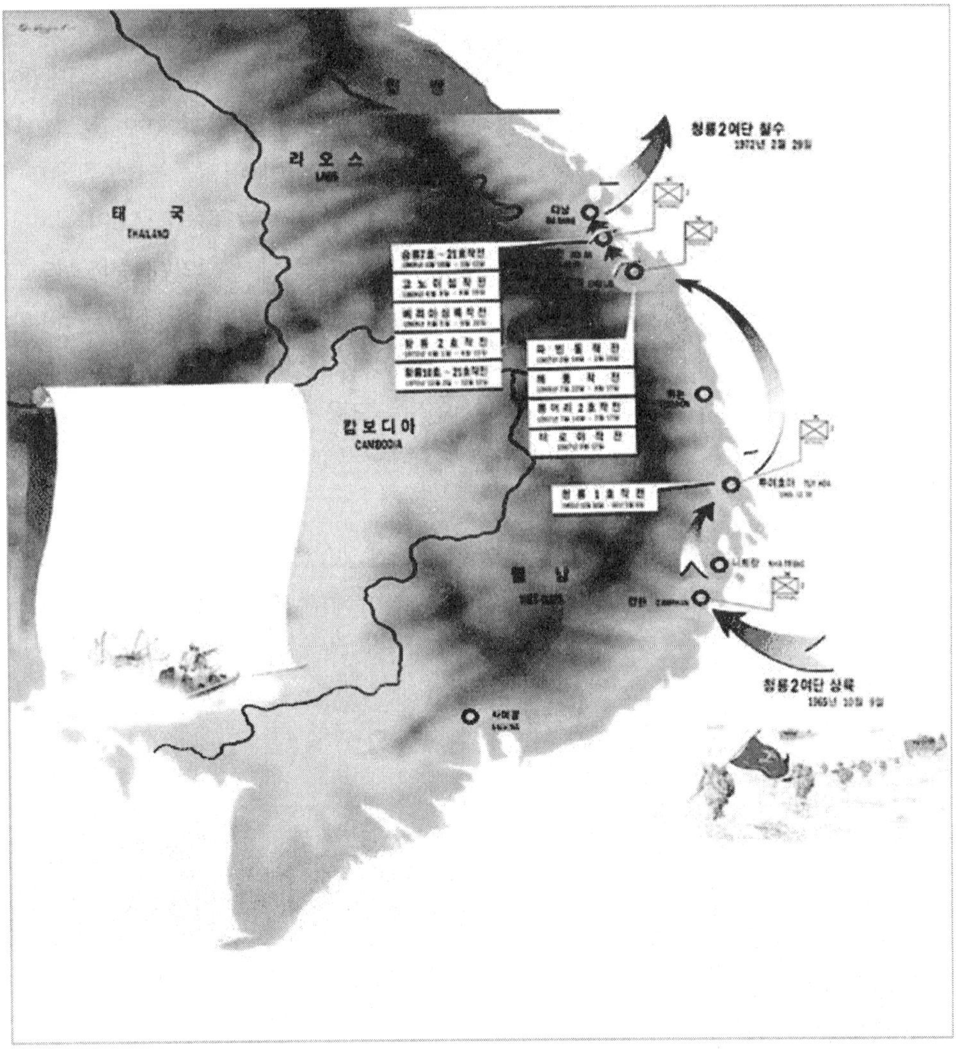

『한국 해병대 월남전 이동경로』

(2) 해풍작전(66. 7. 22)

19추라이 지역으로 이동하기 위한 일명 '투이호아 고별작전' 으로 적은 휴송평야와 연접된 고지 일대에 분산 칩거하여 소규모 게릴라 전법으로 활동하였다. 청룡부대 제1대대와 제3대대는 65. 7. 22부터 27일간 지역일대를 수색 및 탐색하여 적을 소탕함으로써 투이호아 지역의 안정과 평화 재건을 위한 기반을 구축함과 동시에 지역 내 1번 도로변의 잔적을 소탕하고 미 건설 공병대의 항만 및 교량건설과 비행장 건설공사를 완공토록 보호하였다. 특히 귀순자의 첩보에 따라 65. 8. 11 투이호아 서쪽 14㎞ 지점에서 실시한 기습작전과 적극적인 탐색작전에서 베트콩의 동굴은 탐색하던 청룡부대 제3대대 정보장교 이인호 대위가 보여준 숭고한 희생정신은 전 국군의 귀감이 되었다.

『동굴을 수색하는 고 이인호 소령』

『진해 교육사 내 고 이인호 소령 동상』

(3) 짜빈동 기습방어전(67. 2. 14. ~ 15.)

① 개요

청룡부대 3대대 11중대는 1967년 2월 14일 11시 20분에 손틴군 짜빈동에서 월맹군 제2사단 1연대의 21연대 및 지방 게릴라 1개 대대가 인해전술로 파상 기습공격을 가해옴으로 중대 전술기지를 사수하면서 수류탄, 크레모아, 육박전 및 화기의 적절한 운용, 역습부대의 과감한 공격으로 4시간의 사투 끝에 월남전 사상 최대의 전과를 획득하고 중대 병력으로 적 연대를 저지, 격멸하여 '신화를 남긴 해병대'의 전통을 수립한 작전이다.

② 참가부대

가. 적군 : 월맹 정규군 제2사단 1, 21연대, 지방 게릴라 1개 대대

나. 아군 : 청룡부대 3대대 11중대

③ 경과

가. 1966. 2. 14. 23:20 적 기습공격

나. 1966. 2. 15. 06:00 적 퇴각

④ 작전결과

가. 전과 : 적 사살 243명, 포로 2명, 공용화기 11정, 개인 화기 36정

나. 피해 : 전사 15명, 부상 33명

⑤ 승리 요인

가. 중·소대장의 탁월한 전투지휘

나. 각개 해병대원의 용전분투

다. 지원화기의 시기적절한 운용

라. 역습부대의 과감한 공격

⑥ 의 의

가. 적 연대 병력 격파로 해병대의 전투력을 국내외에 과시한 작전

나. "신화를 남긴 해병"의 전통 수립

다. 1967. 3. 14 대통령 부대표창

라. 전중대원의 일계급 특진(장교 제외), 미국 대통령 부대표창

마. 중대장(정경진 대위), 소대장(신원배 소위) 태극무공훈장 수상

바. 해병대 7대 작전으로 전사에 기록

⑦ 미 해병 제3상륙군단장 월드 중장의 격찬

"내가 월남전에서 처음 보는 전과다. 전 장병의 용감성은 우방군의 귀감이다."

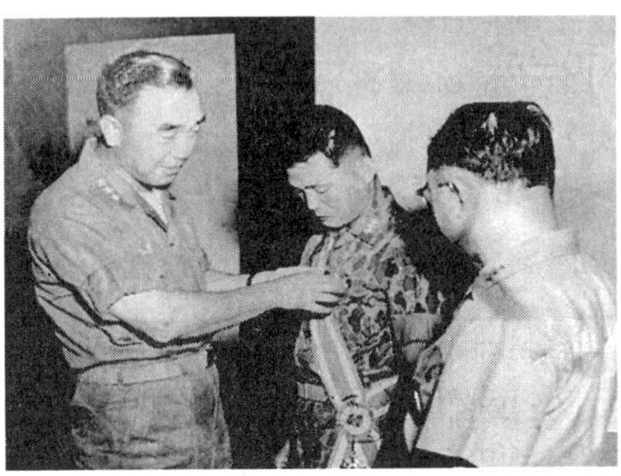

『태극무공훈장을 수훈하는 정경진 11중대장』

(4) 용머리 2호 작전(67. 7. 15. ~ 17.)

① 개요

청룡부대 전술 책임지역의 서부 산악지역에 월맹군 제2사단 본부 및 베트콩 제1연대가 주둔하여 바티칸 반도에서 생산되는 식염(연간 350톤)과 젓갈(300만 갤런)의 대부분을 부식으로 조달하고 있으며, 바티칸 반도의 지리적 이점을 이용한 해상 통로로 병력과 장비를 침투시켜 여단 책임지역을 횡단하여 서부 산악지대로 수송하는 활동을 빈번하게 실시하였다. 청룡부대는 1967. 7. 15 미 해병대 제3상륙군으로부터 길이 약 37m의 철선이 미 해군 함정의 추격을 받고 추라이 남방 '바티칸' 반도로 도주 중인 정보를 입수하고 청룡부대 지역으로 접근하는 적 선박을 나포하기 위하여 작전 중 집중 포격을 가하여 적 수송선을 격침하고 보급품들을 노획함으로써 월남전 사상 최초로 대량의 무기를 노획하는 전과를 세운 작전이었다.

② 작전결과

가. 적 사살 23명, 유도탄 25문 TNT 200파운드, 실탄 6트럭분

나. 월남전 사상 처음으로 일시에 대량무기 노획

(5) 테로이 매복작전(67. 9. 17.)

① 개요

용머리 2호 작전에 참가하였던 제1대대 2중대는 적의 보급선이 격침됨에 따라 서부 산악지역에서 무기 인수차 '바티칸' 반도에 집결하였던 적 병력이 원대복귀할 것을 예상하고 적이 통로로 이용하여 온 '테로이' 부락 일대에 주·야간 매복작전을 계속 실시하여 오던 중 1967. 7. 19 제2중대 3소대 1분대 김학영 하사가 적의 예상 이동로에 매복 중 22:00경 매복지점을 통과하는 베트콩 1개 중대의 야간이동을 기습 공격하여 50분간의 크레모아 발사 및 총격전으로 적을 완전 격멸시켜 월남전 사상 최소의 피해로 최대의 전과를 울림으로써 분대원 전원 1계급 특진의 영예를 획득하였고, 분대장(하사 김학영)은 미 은성무공훈장을 수상하였다.

② 작전결과

가. 적 사살 32명, 포로 4명, 개인화기 20정, 공용화기 1정 노획

나. 1개 매복분대 월맹 정규군 1개 소대 섬멸(피해 없는 전과)

다. 을지무공훈장/미 은성무공훈장 수상(분대장), 분대원 전원 1계급 특진

『테로이 매복전의 영웅 김학영하사』

『청용분대 매복조가 적32명을 사살하였다』

『매복전에서 노획한 무기』

(6) 승룡 7-21호 작전(69. 1. 9. ~ 21.)

① 개요

청룡부대는 구정공세를 위한 적의 집결과 공격 기도를 사전 파괴하기 위하여 1969. 1. 5부터 전술 책임 지역 내 적의 지방 게릴라 근거지를 파괴, 섬멸하는 작전을 수행 중 동년 1.1. 다낭 서남방 25㎞ 지점인 '마우호아' 마을 근처에서 적의 지하 식량창고를 발견하여, 구정공세를 위해 집적한 식량을 노획함으로써 월남전 사상 최초로 적 사단 병력이 2개월간 취식할 수 있는 대량의 식량을 노획하는 전과를 수립하였다.

② 작전결과

가. 다낭 외곽 베트콩 섬멸작전

나. 적 1개 사단이 2개월간 취식할 수 있는 식량(275톤), 문서 등 노획

(7) 승룡 12-1호(고노이 섬) 작전(69. 6. 3. ~ 30.)

① 개요

청룡부대는 1969. 6. 3부터 19까지 다낭 남방 20㎞ 지점에 있는 월맹군 제36연대의 난공불락의 요새지인 고노이섬의 적을 소탕하기 위하여 미국, 월남 연합군의 지원을 받으며 수륙양면과 공수투입 등 입체적인 기습공격 작전을 감행하여 지역 내 적은 완전 소탕하고 중장비(도저 30대)를 이용, 지하통로 및 정글 등 적의 전략적 은거지를 완전히 제거한 작전이다. 이 작전으로 '디엔반'군과 '호이안'시는 외곽으로부터 적 위협을 받지 않고 평온한 상태가 유지되었다.

② 작전결과

가. 여단급 탐색 소탕작전(수륙양면, 공수투입)

※ 적의 요새 고노이섬을 청룡부대가 처음 평정

나. 호이안 지역 평정 계기 마련

다. 전과: 적 사살 261명, 용의자 11명 체포

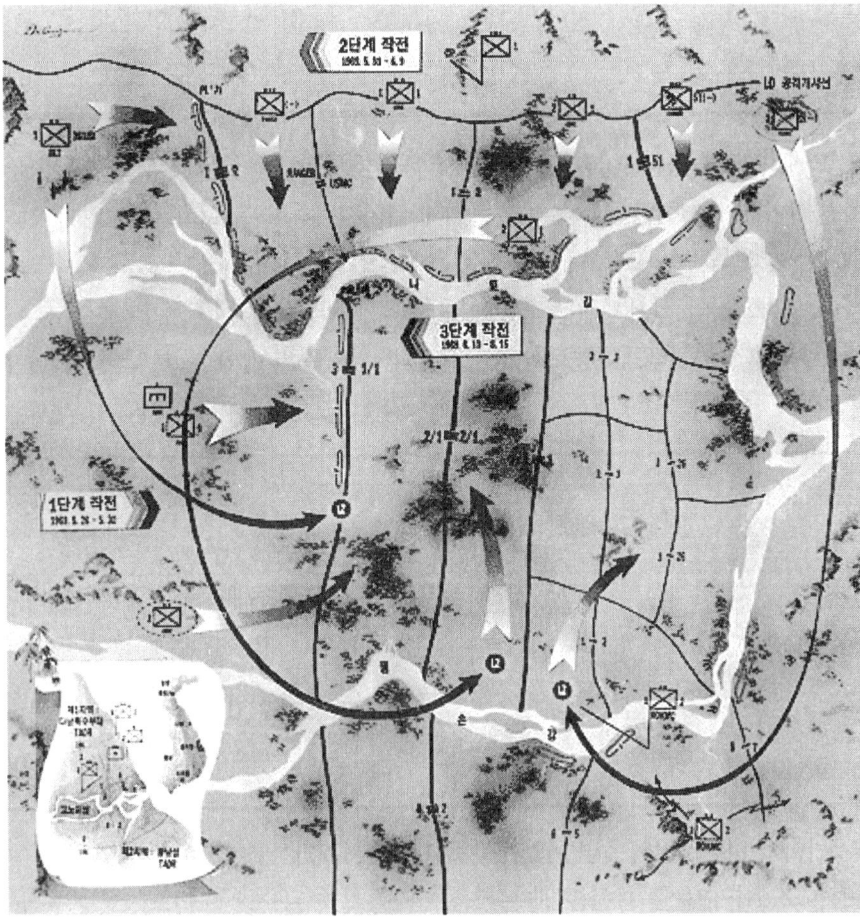

『고노이 섬 작전 상황도』

(8) 승룡15-1호(베리아) 작전(69. 9. 5. ~ 30.)

① 개요

청룡부대는 인천상륙작전 이래 처음으로 월남전 사상 최초로 한·미 해병대가 연합으로 미 제7함대의 지원 하에 감행된 여단급 상륙작전(한국 해병대 RLT, 미 해병대 BLT)을 실시하여 다낭 30㎞ 지점에 있는 천연적 요새지인 베리아 반도의 적을 완전 소탕하고 초토화함으로 적의 지역사용을 거부하였으며, 억류된 1,900여 명의 양민을 구출한 작전이다. 베리아 반도는 월맹 정규군과 베트콩이 천연요새를 이용하여 다낭 일대 군사시설을 위협하던 요새지이다.

② 작전결과

가. 월남전 사상 최대로 증강된 한미 해병대의 여단급 상륙 작전

나. 전과 : 적 사살 255명, 검거 40명, 양민 1900명 구출

청룡,배리어 섬 적전상륙

미 해병대와 합동으로
인천 상륙전이래 최대!

공산군 1백91명 사살

←배리어 반도 상륙

『베리아 반도 상륙작전을 보도한 국내 주요 일간지』

『베리아반도에 상륙하는 청룡 용사들』

(9) 황룡 2호 작전(70. 4. 1. ~ 10.)

① 개요

청룡부대는 소부대 작전활동을 강화하면서 1970. 4. 1부터 월남군 제51연대 및 미 해병대 1개 대대와 연합으로 전술 책임지역 내 베트콩을 탐색 섬멸하기 위하여 공수돌격 등 4개 단계 작전을 전개하여 1번 도로상의 적 위협을 제거하고 주민의 생활안정과 '디엔반'과 '다낭'에 대한 적의 춘계공세를 사전 봉쇄함으로써 '다낭'시와 '호이안' 외곽방어를 위한 확고한 기초를 닦았다. 특히, 작전기간 중 베트콩 게릴라 대장과 간부급을 생포하여 작전의 성과가 높이 평가되고 있다.

② 작전결과

가. 다낭과 호이안 외곽방어에 기여

나. 아군 피해 전무, 베트콩 대장과 간부급 38명 생포

다. 여단급 탐색 섬멸작전

(10) 황룡 10-22호 작전(70. 12. 2. ~ 12.)

① 개요

'케손'작전지역의 일부를 미 해병대 제5연대로부터 인수받은 청룡부대는 적이 우기 및 연말연시 공세를 기도하고 있다는 첩보를 입수하였는데, 험준한 산악지역에 도피하여 은거하고 있는 적이 미 해병대의 감축관계로 우군의 관측소 및 전술기지 등이 폐쇄된 틈을 이용하여 활동을 현저히 증가시켰다.

1970. 12. 3. 청룡부대는 월맹군의 제4전선 사령부 전방기지가 위치한 여단 전술 책임지역 서남방 케손산악 일대에 대대급 소탕작전을 연속적으로 전개하여 다낭과 우방군 진지를 기습하였던 적을 소탕하였고 특히, 동년 12. 5. 제2대대가 적의 무기 은닉장소를 발견하여 우군에게 가장 큰 위협을 주었던 122밀리 RKT 30문을 노획하여 적의 공격기도를 분쇄하였다.

② 작전결과

가. 케손산악 일대에 대한 대대급 소탕작전으로 다낭과 호이안 평야로 통하는 주요 기동로 확보

나. 적 무기 은닉장소 발견, 122밀리 RKT 등 다수의 화기 노획

2. 청룡부대 개선

① 파월기간 : 1965. 10. 9. ~ 1972. 2. 29.

② 작전결과

<table>
<tr><th colspan="2">구 분</th><th>내 용</th></tr>
<tr><td colspan="2">기 간</td><td>1965. 10. 9 ~ 1972. 2. 29</td></tr>
<tr><td colspan="2">파 월 병 력</td><td>37,304명</td></tr>
<tr><td rowspan="4">전투횟수</td><td>여 단 급</td><td>66회</td></tr>
<tr><td>대 대 급</td><td>109회</td></tr>
<tr><td>소부대급</td><td>151,347회</td></tr>
<tr><td>계</td><td>151,522회</td></tr>
<tr><td rowspan="3">전 과</td><td>사 살</td><td>9,619명</td></tr>
<tr><td>포로/귀순</td><td>1,256명</td></tr>
<tr><td>화기노획</td><td>4,282정</td></tr>
<tr><td rowspan="3">손 실</td><td>전 사</td><td>1,076명</td></tr>
<tr><td>부 상</td><td>2,702명</td></tr>
<tr><td>계</td><td>3,778명(손실률 10%)</td></tr>
<tr><td colspan="2">상 훈</td><td>대통령 부대표창 3회
미국/월남 대통령 부대표창
(각 1회)</td></tr>
</table>

제 4 장

시련과 도약기

제4장 시련과 도약기[10)]

I 해병대를 해군에 통폐합

1. 해병대사령부 통·폐합

군의 유신과업수행을 위한 군 본연의 사명을 충실히 완수하고 군의 전투력 위주로 정비를 강화하여 자주국방태세를 조속히 확립하며 국가 자립 경제발전을 위해 경제적인 군으로 관리운영하기 위하여 1973. 5. 29. 대통령 본부사항 및 1873. 7. 10. 해병대 운영개선에 관한 국방부 훈령 제157호에 의거 해병대 효율적 운영을 위해 해병대 사령부가 해군에 통·폐합되었다.

1) 통·폐합 경위

일 정	내 용
1973. 5. 29.	박정희 대통령 본부사항 - 해병대 운용 근본적 재검토 지시
1973. 6. 1.	유재흥 국방부장관 연구지침 시달 - 해병대사령부는 해군본부에 흡수 - 해병사단 · 여단은 해군본부 예하로 존속
1973. 7. 10.	해병대 운영개선(국방부 훈령 157호 시달)

10) 해병대 사령부, 「사진으로 본 해병대 50년사」, (해병대 사령부, 1999), pp. 236~257.

1973. 7. 14.	해군본부에 해병대 개편위원회 설치
1973. 7. 25.	해병부대 해체 및 설치 승인을 국방부 상신
1973. 9. 14.	국군조직법 중 개정안 국무회의 의결
1973. 9. 28.	제8차 정기국회 통과
1973. 10. 10.	국군조직법 개정(법률 제26245호) 및 국기관 912 - 92호에 의거 해병대사령부 해체 대통령령 제6,889호에 의거 사령부 직제령 폐지

2) 통·폐합 부대 현황

구 분		개편 전 (해체)	개편 후 (흡수 통 · 폐합)	비고 (통폐합일자)
통폐합	지휘부	해병대사령부	해군본부	1973. 10. 10
	교육부대	교육기지사령부	해군교육단	1973. 9. 15
		해병훈련소	해군교육단	1973. 9. 1
		보병훈련연대	해군교육단	1973. 9. 1
		해병학교	해군사관학교	1973. 9. 1
		지휘참모대학	해군대학	1973. 9. 1
	행정 및 군수지원 부대	보급정비단	해군보급창	1973. 9. 1
		상륙전 기지사령부	제1해병사단	1973. 9. 1
		직할경비대	해군본부기지	1973. 10. 10
		보안부대	해군보안부대	1973. 10. 10
개편	전투부대	제1상륙사단	해군제1해병사단	1973. 10. 10
		제2해병여단	해군제2해병여단	1973. 10. 10
		도서경비부대	해군도서경비부대	1973. 10. 10

2. 해병참모부

1) 해병참모부 직능 및 지휘체제

국방부 훈령 제157호에 의거 1973. 10. 1. 해군본부 내 해병참모부를 편성 운영하여 참모총장을 보좌하고 제2참모차장의 지시에 의거 해군의 상륙작전, 도서방어, 상륙전부대의 교육훈련과 교리발전에 관한 사항을 분장하였으며, 1987. 11. 1. 해병대사령부 재창설 시까지 14년간의 해병부대를 실질적으로 지휘 관리하였다.

『해군 제2참모차장 취임식』

『해병대 사령부 해체식』

Ⅱ 전력건설

1. 제6해병여단 창설(1977. 1. 1.)

2. 제2해병훈련단 창설(1977. 1. 1.)

국방부 훈령 제157호에 의거 1973. 9. 15. 해병교육기지사령부가 해체되면서 해병학교, 상륙전학교, 해병훈련소, 상남보병훈련연대, 사격장관리대, 수송교육대, 통신교육대는 해군교육단으로 흡수 통합되었다.

해군교육단에서 실시한 해병 신분전환 교육은 해병혼이 깃든 강인한 해병으로 배출하는데 미흡하여 해병대 신병 및 하후생의 후반기 양성교육을 제1사단 교육대대(1975. 9. ~ 1976. 12.)에서 실시하였다.

해병대식 양성교육을 계승하기 위하여 1977. 1. 1부로 제2해병훈련단이 창설되어 신병, 하후생의 후반기 양성교육, 예비군 동원교육훈련, 교장관리. 특수교육(유격, 공수)을 지원하는 임무를 수행하면서, 해병대식 학교교육체계로 개선하여 최강 해병을 육성하고 있다.

3. 제2해병사단 창설(1981. 4. 16.)

Ⅲ 작전·훈련

1. 대간첩작전

북괴는 70년대에 한반도 적화통일을 달성하기 위하여 정규전과 비정규전의 배합전술을 원칙으로 전쟁준비를 갖추는데 온 힘을 다하였고, 1968. 1. 21. 무장공비 서울 침투와 1968. 10. 30. 울진·삼척 무장공비침투사건을 시초로 본격적으로 간첩을 남파하였으나 우리 해병대는 울진·삼척지구 공비토벌작전(68. 11. 4. ~ 69. 1. 2.)에서 16명의 적을 사살하는 전과를 올렸다.

1970~1980년대부터 북괴의 해상침투전술 변화는 침투간첩선을 대형화하여 모선(母船)에서 자선(子船)을 탑재한 후 공해상을 우회하여 동·서해안의 취약지역으로 간첩선을 침투시켰으나, 우리 해병대는 육상 및 해상으로 침투하는 간첩 및 무장공비를 사전 봉쇄, 색출, 검거하기 위하여 민·관·군 통합방위체제를 갖추고 해안방어지역 내 시설 및 장비를 보강하고, 지·해·공 합동작전 훈련 등 대간첩 경계태세를 강화하는 한편 진전동·석모도·가덕도에 침투한 간첩을 완전 섬멸하였다. 특히, 1983. 8. 4. 월성해안 침투간첩 5명을 완전 섬멸하는 쾌거를 세움으로써 제1해병사단이 대통령으로부터 표창을 수상한 바 있다. 또한, 1974년부터 1989년까지 김포·강화지역 귀순자 김관섭 외 10명을 구출하였으며 1989. 9. 17. 서영철 귀순자 구출작전으로 제2해병사단은 대통령 부대표창을 받았다.

2. 교육훈련

1) 양성교육

해병대 양성 및 보수교육은 국방부 훈령 제157호에 의거 1973. 9. 15. 해병교육기지사령부 및 해병지휘참모대학이 해군교육단과 해군대학에 흡수, 통일함으로써 해군양성 교육체제로 전환하여 해병을 배출하다가, 1977. 1. 1부터 제2해병훈련단을 창설하여 해병대식 교육훈련으로 정예 해병을 육성하였다.

2) 부대훈련

부대훈련은 1973. 10. 10. 해병대사령부가 해군에 동･폐합된 이후 해군본부 내 해병참모부의 교육훈련지침에 의거 교육훈련을 실시하였다. 우리 해병대는 최강부대의 해병대 전통을 계승하기 위하여 120일 정예화 훈련 등 통제형 교육훈련을 실시하였고, 그 이후 임무형 교육훈련 및 제대별 책임제 교육훈련체제로 발전하였으며, 단위부대 분권화 훈련을 중심적으로 실시하였다. 특히, 한국적 단독상륙작전 능력을 배양하기 위해 대대 및 연대급 상륙훈련을 매년 2회씩 정기적으로 실시토록 정례화 하였으며, 훈련 명칭을 쌍룡(연대급 상륙훈련), 청룡(대대급 상륙훈련), 청파(대대급 상륙기습)로 정립하였고 1976년 4월부터는 팀 스피리트 훈련과 병행하여 한･미 연합 상륙훈련을 실시하였고, 서해안에 비금도, 두웅리 상륙해안을 개발하여 연합 및 합동작전 능력배양 위주로 훈련을 실시하였다.

특히, 1975년도부터 1979년도까지 장차 예상되는 전장 환경과 작전양상 변화에 따라 다양한 임무를 수행하는 부대로 운영될 것을 감안하여 상륙작전에 부합되는 다목적 해병대를 육성하기 위하여 연대급에 공수대대, 상륙기습대대, 산악대대를 지정하여 특수훈련을 실시하였다.

제 5 장

해병대사령부 재창설기

제5장 해병대사령부 재창설기[11]

I 해병대사령부 재창설

1. 사령부 재창설

1) 창설 필요성

(1) 해병 전력관리상 문제점

○ 해군참모총장의 지휘 부담 과중
○ 해군 및 해병 간의 전문성 차이
  - 해병 특성에 맞는 부대관리, 지휘감독 곤란
○ 해병부대 통합지휘기구 부재
  - 해병 전력증강/전투발전 주체성 결여
  - 해병 최고 선임자(제2차장) 위임 권한 부재
○ 해병 고유의 특성에 맞는 교육훈련 미흡
  ※ 구심점 상실 : 주인의식, 책임감, 사기영향

11) 해병대 사령부, 위의 책, pp. 260~283.

(2) 해병부대 통합지휘기구 창설

○ 해군참모총장의 지휘 폭 적정화
해병 특성에 맞는 부대관리, 지휘감독 강화
○ 구심점 부여로 해병부대 사기앙양
○ 장차 해병부대 운영개념에 부응

(3) 주요 활동

○ 부대명 : 해병대 사령부
○ 창설일 : 87년 11월 1일
○ 개편내용
- 해군본부 예하에 해병대사령부 편성
- 참모총장은 해병대사령관을 통해 해병대 지휘
- 해병대사령관이 해병대 예하부대 지휘
○ 해병대 부대 예속 변경(해군본부 → 해병대사령부)
※ 해체부서 : 해군 제2참모차장제 폐지, 해병참모부 해체

2. 해병대 목표 및 임무

대한민국 해병대는 국가보위를 위한 군사전략수행의 핵심전력으로써 평시에는 상륙 전력 구축 및 대비로 전쟁을 억제하고, 유사시에는 적 후방에 강력한 상륙전을 투사하여 전승에 기여하며, 국익증진 및 국가정책을 지원한다.

해병대사령부의 임무는 연합해병대사령부의 임무를 수행하며 해병대부대를 작전지휘하여 전비태세를 유지하고, 상륙 및 지상 작전과 서북도서방어 임무를 수행하고 있다.

3. 지휘관리 개선

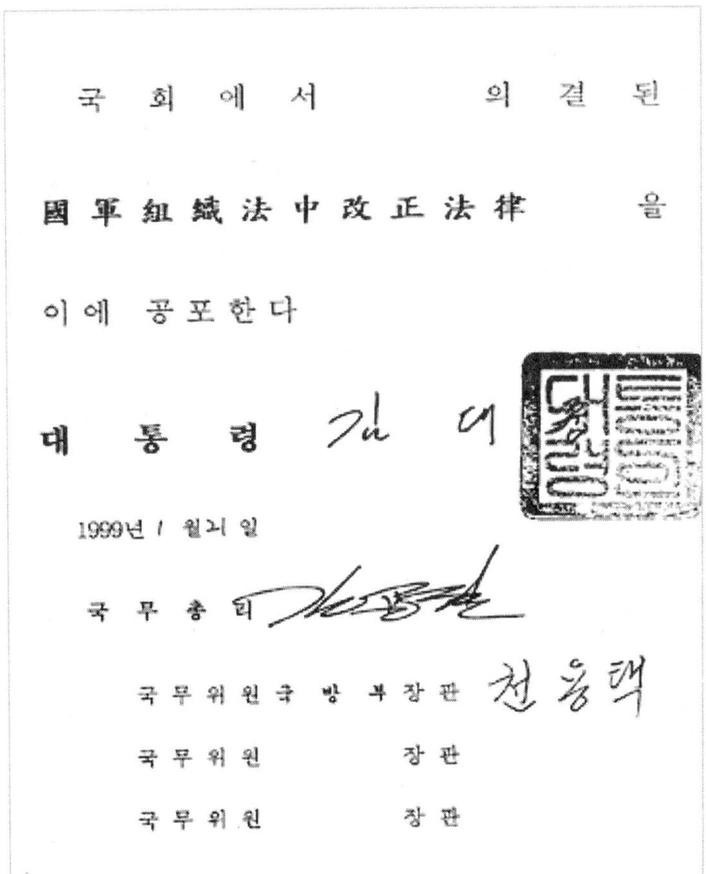

국 회 에 서 의 결 된

國軍組織法中改正法律 을

이에 공포한다

대 통 령 김 대

1999년 1 월21 일

국 무 총 리

국무위원국방부장관 천용택

국무위원 장관

국무위원 장관

『지휘관리 개선 공포문』

해병대는 작전지휘체제를 보강하기 위하여 '부대령 부대'와는 그 위상이 다른 직제령 부대로서 해병대사령부가 해병대 부대를 지휘할 수 있게 되었다. 1980. 8. 1. 공포된 법률 제4,249호 국군조직법 제2조(해병대의 조직), 제14조(해병대사령부 설치 근거/임무)와 1990. 9. 29. 공포된 대통령령 제13, 113호에 해병대사령부 직제 제1조(해병대사령부 임무)에 의거 해병대사령부는 육군의 군사령부나 해·공군의 작전사령부와는 다르게 합참군령 계선상의 작전사령부 이면서 해병대 운영에 관한 제반 사항을 관장하는 군정사령부임을 법으로 보장하여 해병대의 특수성과 전문성을 인정하였다.

4. 연합해병사령부 창설

『연합해병대 사령부 부대기』

연합해병사령부(CMFC : Combined Marine Forces Command)가 1992년 12월 1일 창설되었다.

연합해병사령부 창설은 1987년 해병대사령부 재창설 이후 줄곧 제기되어 왔던 해병대 부대 운용 및 지휘체계상의 제반 취약점을 개선보완하기 위해 한미 군사위원회 상설회의에서 작성한 합의각서에 한국 합참의장과 주한미군 선임 장교인 연합사령관이 서명함으로써 성사되게 되었다.

이러한 조치로 한국 해병대사령관이 평시 연합해병사령관을 겸임함으로써 해병대사령부 위상 제고는 물론 연합해병대사령부 예하에 구성되는 막강한 한미 해병대 전력의 한반도 방어를 위한 역할 증대도 한반도 전구에서의 한미 연합 방위 능력이 크게 향상되게 되었다.

연합해병사령부 창설은 지상구성군사령관에 한국군 장성을 보임한 것과 함께 '한국방위의 한국군화'를 위한 단계적 조치로써 자주국방의 조기 실현은 물론 한국방위에 대한 한국군의 주도적 역할을 강화하는 조치라는 점에서 높이가할 수 있다.

한미 양 국간에 체결한 연합해병사령부 창설 근거가 되는 한미 군사위원회 합의각서 내용은 다음과 같다.

한 · 미 군사위원회
상설회의
대한민국, 서울

1992. 10. 2.

제10차 상설회의 각서 제1호
제목 : 연합해병사령부 창설

금일 한·미 군사위원회 상설회의는 연합 상륙작전을 계획하고 실시함에 있어 연합사의 능력을 향상시키고 연합 해병 작전능력을 통합 발전시키기 위하여 다음과 같이 변경하기로 합의하였다.

전구급 사령부의 하나인 연합해병사령부는 연합사 지휘체계하에서 선임 해병사령부로 발족되며, 창설과 동시에 지정된 한국 해병대 병력을 작전 통제한다. 계획된 미 해병부대들은 대한민국에 도착과 동시에 연합해병사령부에 작전 통제된다.

창설과 동시에 대한민국 해병대사령관은 연합해병사령관 임무를 수행한다. 미합중국 국가통수기구의 승인 하에 미 태평양사령부는 연합해병사령부 임무수행을 위한 작전계획 수립과 연습을 포함한 전쟁수행 목적에 한하여 연합해병사령관(미 해병 중장)과 사령부 증원요소를 제공한다. 대한민국 국가 통수 및 군사지휘기구의 승인 하에 한국 해병대사령부는 부사령관을 제공한다. 조직, 기능 및 전투편성은 승인된 계획의 세부 내용을 따른다.

본 협정은 1992년 12월 1일부로 유효하고 연합사내의 모든 해병조직에 관한 종전의 협정에 우선하며, 군사위원회 및 한미 연합사 권한 위임사항과 전략지시 1호의 관련조항을 변경한다.

이 필 섭	로버트 더블유. 리스카시
한 국 육 군 대 장	미 육 군 대 장
대한민국 합참의장	주 한 미 군 선 임 장 교

※ 영문 내용은 생략하였음.

5. 한국군 평시작전통제권

북괴의 기습남침으로 한국전쟁이 급박했던 1960. 7. 14. 이승만 대통령은 한국군의 작전 지휘권을 맥아더 유엔군사령관에게 이양하였다. 1970년대 후반부터 한미 연합사로부터 우리 군(합참)이 평시작전통제권을 환수하게 되었다.

44년만의 평시작전통제권 환수는 자주국방의 기틀을 확고히 하는 역사적인 사실이며 국군의 자긍심 고양과 함께 국가보위에 대한 책임감과 역할이 증대되게 되었다. 이로서 해병대사령부는 합참으로부터 평시 작전통제를 받게 되었다.

Ⅱ 교육·훈련

1. 양성교육

해병대의 유일한 양성 및 보수교육 부대인 제2해병훈련단은 하사관 보수교육, 병 특기생(상장, 통신)교육 및 신병·하후생 양성 교육만을 실시하던 중, 1992. 3. 2. 장교교육대를 창설하여 해병대 장교 초등군사반 교육을 실시하였다.

2. 부대훈련

1987. 11. 1. 해병대사령부 재창설 이후 제대별 책임제 교육훈련을 임무위주 제대별 책임제 교육훈련제도로 발전시켰으며, 과제에 의한 통합전투관리체계 교육 훈련제도를 적용하여, 싸우면 반드시 이기는 강군 해병대를 육성하기 위하여 천일양병(天一養兵), 일일용병(一日用兵)의 정신자세로 체력, 사격술, 기동력, 정신전력을 해병대 교육훈련의 4대 핵심과제로 작성하여 중점 숙달하고 있다. 해병대 전 부대는 모든 교육훈련을 상륙작전과 연계하여 실시하고 있다.

상륙작전과 연계하여 1981. 2. 18 전두환 대통령의 지시로 공수훈련과 동계 설한지 훈련이 폐지되었으나, 해병대사령부 재창설 이후 1995. 3. 23 해병대 상륙 작전 임무와 부합된 부대 육성을 위하여 공수훈련을 다시 실시하게 되었으며, 연대급에 공수대대·상륙기습대대·산악대대를 지정하여 특수훈련을 실시하고 있다. 또한, 1998. 11. 30 대관령 동계 설한지 훈련장에 3개의 SLOPE(1#SLOPE 길이 386M, 2# SLOPE 220M, 3# SLOPE 120M) 공사를 완료하여, 해병대 수색대대는 매년 대관령 스키장에서 설한지 훈련을 할 수 있는 교육장을 갖게 되었다.

제 6 장

해병대 정신 및 전통

제6장 해병대 정신 및 전통

I 해병대 정신

1. 해병혼[12)]

'혼(魂)' 이라 함은 인간의 육체에 깃들어 마음의 작용을 지배하는 것으로서, 우리 해병대는 창설 당시 제정된 '나가자 해병대' 가(歌)의 제 2절 '천지를 진동하는 대한 해병혼'이라는 가사에서 볼 수 있듯이 일찍이 정신영역의 개발에 중점을 두어 해병대만의 특유한 '해병혼'이라는 용어를 창출했다. 해병대 정신의 근저(根底)가 되는 '해병혼' 은 바로 '필승의 신념'으로, 이는 승리에 대한 확고한 믿음과 동시에 "승리할 수 있다."는 자신감을 말한다. 이러한 필승의 신념은 해병들로 하여금 "싸움에서 꼭 승리한다."고 하는 확고한 믿음과 자신감을 불러일으킴으로써 전장에서 주저함이 없고 우유부단하지 않으며 "죽음을 무릅쓰고라도 꼭 책임을 완수하겠다"는 적극적인 행동을 유발하게 한다. 중국의 병학자 한비자(韓非子)도 "군사는 반드시 싸워서 이기겠다는 마음이 가슴속에 끓어올랐을 때 비로소 그 싸움에서 이긴다.(兵戰具必者(병전구필자))"고 하여 필승의 신념을 전승의 요체로 삼았다.

타군은 적의 강력한 저항에 직면하거나 작전에서 실패하더라도 일단 후퇴할 수 있지만, 상륙작전을 주 임무로 하는 해병대는 상륙군으로서 적 해안에 투사되고 나면 배수의 진을 치고 적전(敵前)에서 싸워야 하는 전장 환경에서 '물러섬은 곧 죽음을 의미'하기 때문

12) 해병대 사령부, 문화와 가치, pp. 181~182.

에 시위를 떠난 화살이 되돌아오거나 멈춰 설 수 없듯이 오로지 '전진'뿐이며 살아남기 위해서는 적과 싸워 이기는 수밖에 다른 선택의 여지가 없는 것이다. 바로 이러한 숙명 속에서 "반드시 승리해야만 살아남는다."고 하는 승리에 대한 강한 신념이 자연적으로 생성되어 '해병혼'의 근간이 되고 있다.

2. 해병대 정신(精神)[13]

〈해병대 정신〉

표어 : 한번 해병은 영원한 해병

無敵海兵(무적해병)의 常勝不敗 精神(상승불패 정신)
無(무)에서 有(유)를 創造(창조)하는 精神(정신)
正義(정의)와 自由(자유)를 守護(수호)하는 精神(정신)

전쟁의 승패를 좌우하는 필수적 요소인 군인정신은 한마디로 군인이 갖추어야 할 이상적 정신자세로서, '해병대 정신' 역시 해병대에 몸담고 있는 모든 해병들이 갖추어야 할 이상적 정신자세라 하겠다.

해병대 정신은 1953년 3월 해병대사령부에서 발간한 '해병전투사'에서 해병대 정신(원명칭 :해병대의 전설)을

① 가족적 단결정신
② 애민정신
③ 인내의 정신
④ 임전무퇴의 정신 등

네 가지로 정하여 처음으로 정립하게 되었으며, 이를 근간으로 1987년 5월 해병대 정신의 표어를 '한번 해병은 영원한 해병'으로 정하고 그 실천정신을

13) 해병대 사령부, 위의 책, pp. 182~188.

① 단결정신
② 애민정신
③ 인내정신
④ 임전무퇴정신

으로 하는 부분적인 수정보완을 하였다. 그 후 해병대 역사와 전통의 재조명을 통해 현재의 해병대 정신으로 1997년 5월에 재정립하게 되었다.

1) 표어 : 한번 해병은 영원한 해병

해병대 조직의 구성원이라면 누구나 해병대에 입대한 그 순간부터 해병대를 떠나는 그 순간까지 몸소 체험하고 느꼈던 일상생활의 모든 것에 자부심과 명예심을 가지고 언제, 어디서나 자신이 해병대의 일원이었다는 것을 자랑스럽게 생각하면서 예비역이 된 이후에도 '영원한 해병'으로 남기를 희구한다.

'한번 해병은 영원한 해병'이라는 이 표어야말로 해병대만이 지니는 특유의 덕목이요, 해병대 정신의 가장 굳건한 바탕이라 하지 않을 수 없다. 비록 이 표어가 미 해병대의 "Once A Marine, Always A Marine"에서 유래된 것이라고는 하지만, 지난 반세기동안 사용해온 우리의 것으로서 일반 국민들까지도 해병대의 상징표어로 널리 인식하고 있다. 또한 국가와 민족을 초월하여 자유 우방국가의 모든 해병대가 그들 국가에서 갖는 지위와 역할 면에서 공통점이 많기 때문에 상호 공감대를 형성하고 있음을 감안할 때 평화의 선봉군으로서 갖는 이 표어에 대한 긍지는 그 어느 것보다 크다고 하지 않을 수 없다.

군문을 나서도 진하게 타오르는 모군에 대한 향수와 애정으로 출신, 계급, 연령에 관계없이 해병대 조직 구성원으로서 맺어지는 끈끈한 관계는 단순히 해병이었기에 존재하는 것이 아니라 바로 해병대 정신 속에서 형성되고 있음을 잊어서는 안 될 것이다.

'한번 해병은 영원한 해병' 이라는 이 짧은 말 속에는 무척이나 많은 의미를 내포하고 있다. 해병대를 거쳐 간 모든 이들에게 해병대에서의 생활이 잊혀 지지 않는 추억으로 간직되어 어머니의 품속 같은 요람으로 느껴질 때 그 말의 참된 뜻을 깨닫게 되며 해병대에 몸담고 생활한 것을 무한한 자랑으로 여기면서 그 말의 가치를 영원히 간직하려는 강한 의지를 갖게 될 것이다.

2) 무적해병(無敵海兵)의 상승불패(常勝不敗)정신

'적과 싸우면 항상 이기는' 상승불패의 정신은 화랑도의 임전무퇴 기상을 바탕으로 하는 불패정신(不敗精神)과 임진왜란 당시 불과 12척의 전선(戰船)으로 130여 척의 왜전선(倭戰船)을 물리친 이순신 장군의 '必生卽死 必死卽生(필생즉사 필사즉생)' 정신을 기저(基底)로 하여 반세기 역사 속에 형성된 우리의 전통 정신이다.

해병대 국가 전략기동부대의 일원으로서 선봉군인임을 자랑스럽게 생각하고 필승의 신념과 감투정신을 지닌 무적의 군대로서 위국헌신(爲國獻身)의 희생정신으로 책임을 완수함으로써 최강부대의 찬란한 전통을 이어오고 있다.

초창기 열악한 병력과 장비로 창설된 이래 한국전쟁과 월남전쟁에서 험난한 전투를 수행하면서 특유의 인내와 끈기, 강한 투지력으로 공격하여 빼앗지 못한 고지가 없었고, 방어하여 사수하지 못한 진지가 없었던 상승불패의 전통을 수립하게 되었다.

한국전쟁에서 3년여의 기간 동안 쉴 새 없이 가장 험난한 20여개 지역의 전선을 누비면서 싸워온 수많은 전투 중에서 상승불패의 정신을 승화시킨 .대표적인 전투로는 전 장병이 일계급 특진한 '진동리 지구 전투', '귀신잡는 해병'의 명성을 얻은 '통영지구 전투', 낙동강 방어선으로부터 반격작전으로 공세를 이전시킨 '인천 상륙작전', 용감한 해병들에 의해 중앙청에 태극기를 게양하여 수도 서울 수복의 상징이 되었던 '도솔산지구 전투', 그리고 적의 최정예 부대를 격퇴시키고 아군이 중동부 전선의 통제권을 장악하는데 절대적으로 기여한 '김일성 및 모택동고지 전투' 등을 들 수 있다.

이들 전투에서 해병대는 찬연한 금자탑을 세워 청사에 길이 빛나는 기록을 남기게 되었으며 이와 같은 상승불패의 기록들은 해병대의 역사인 동시에 국군의 역사가 되고 있다. 한편 월남전쟁에서도 6년 5개월간 월남전역을 누비면서 총 15만 여 회의 대소작전을 통해 혁혁한 전공을 세웠다. 그 중에서 월남전 유례없는 전과를 올려 국내외에 널리 알려진 '짜빈동 기습방어전'의 승리로 '신화를 남긴 해병'의 명성을 얻음으로써 한국전쟁으로부터 월남전쟁에 이르기까지 싸움터에서는 항상 이기는 무적해병(無敵海兵)의 신화를 창출해 내었다. 한편, 이러한 해병대 전통정신은 국방부에서 발행하여 전군에 통용되고 있는 '국군 정신전력 교본(1998)'의 제3장 '군인정신과 복무규범'편에서 한국적 군인정신의 덕목으로 '임전무퇴의 기상과 용기'를 대표적인 덕목임을 강조하면서 불패정신을 계승하고 있는 해병대 조직 구성원들의 자질에 대한 "한국해병대의 '무적해병의 신화'도 따지고 보면 용감한 해병들이 있었기에 생긴 것이다."라고 기술하고 있다. 이는 곧 해병대의 상승불패 (常勝不敗)정신이야말로 대한민국 국군 모두에게 요구되는 군인정신의 귀감이 되고 있음을 입증하는 대표적 예라 할 수 있겠다.

3) 무(無)에서 유(有)를 창조하는 정신

해병대가 오늘날 타군에 비해 열세한 전력을 보유하고 있음에도 불구하고 강한 군대로 성장할 수 있었던 배경에는 바로 끈질긴 생존력을 바탕으로 無에서 有를 창조하는 정신이 있었기 때문이다.

'무(無)에서 유(有)를 창조하는 정신'은 바다라는 무(無)의 상태에서 적진에 돌격을 감행하여 새로운 영도인 해안두보를 탈취 확보하여 상륙군의 병력과 장비, 물자를 축적함으로써 유(有)를 창출해 내는 상륙작전의 특수성을 감안한 해병대의 특수성을 감안한 해병대의 특징적인 정신이라고 하겠다.

초창기 불비한 여건과 환경 속에서도 오로지 최강의 군대를 만들겠다는 의지 하나만으로 병력장비 및 시설의 열악함을 탓하기 전에 "多流汗, 小流血(다류한 소류혈 : 땀을 많이 흘리면 피를 적게 흘린다)"을 모토로 내걸고 강도 높은 교육훈련에 전념함으로써 제반 난관을 극복하고 싸워서 이길 수 있는 군대의 면모를 조기에 갖출 수 있었다. 이러한 해병대는 창설된 지 불과 4개월 만에 진주지역 일대에서 준동하는 공비 소탕작전 임무를 부여받아 지역을 안정시키는데 결정적 역할을 수행함으로써, '무(無)에서 유(有)를 창조 하는' 군대의 면호를 유감없이 발휘한 최초의 예가 되고 있다. 그 후 해병대는 한국 전쟁기간 동안 20여 개의 전선지역을 누비면서 항상 새로운 지역에서 적과 싸워 주도권을 장악한 다음 전투력을 축적하는데 선봉장 역할을 하였다.

또한, 월남 파병시에는 1965년 10월 9일 캄란만에 상륙한 이후 1972년 2월 29일 마지막으로 다낭에서 개선 귀국할 때까지 열사(熱砂)와 밀림에서 온갖 고난을 극복하면서 적 치하에 있는 지역을 평정한 후, 후속하는 타군 부대에 인계하고 계속 북상 전진하여 또 다른 새로운 지역을 평정해 나가는 임무를 차질 없이 수행할 수 있었던 점 역시 '무(無)에서 유(有)를 창조하는 정신'에 기인한 것이다.

4) 정의(正義)와 자유(自由)를 수호하는 정신

대한민국 국군이 추구해야 할 기본가치와 존재목적이 "국군은 국민의 군대로서 국가를 방위하고 자유 민주주의를 수호하며 조국의 통일에 이바지함을 그 이념으로 한다."라고 국군의 이념에 명시되어 있듯이, 해병대 또한 창설 당시 신현준 초대 사령관이 "해병대는 국가와 국민을 위하여 자유를 수호하는 역사를 창출하자"고 피력함으로써 해병대가 추구할 가치와 존재목적을 최초로 천명하게 되었다. 그 후 한국전쟁이 발발하여 국운(國運)이 풍전등화(風前燈火)의 위기에 처하게 되자 '구국의 선봉군'으로 수많은 전투에 참가하여 목숨을 아끼지 않고 생명이 다할 때까지 신명을 바쳐 국민의 생명과 재산을 보호하고 대한민국의 자유와 독립을 지키는데 크게 기여함으로써 '국민의 군대'다운 자랑스러운 모습을 오늘날까지 지켜오고 있는 것이다.

1965년에는 세계 자유평화의 십자군으로 정의와 자유의 가치를 높이 들고 우리나라 역사상 전투부대로는 최초의 해외 원정부대인 '청룡부대'를 월남에 파병하여 해병대의 용맹성을 전 세계에 떨쳐 자유 민주국가들로부터 존경과 신뢰를 받은 바 있다. 한국전쟁과 월남 전쟁을 통해 '정의와 자유를 수호하는 정신'을 해병대 정신의 한 지류로 삼고 있는 해병대는 1967년 3월21일 제정된 해병대 내구상의 '부대기 운영규정' 편에 해병대 마크의 맨 윗부분의 독수리가 물고 있는 리본에 새겨져 있으며 해병대가 왜 존재하는가를 극명(克明)하게 나타내고 있다.

3. 해병대 정신의 귀감

한국전쟁과 월남전쟁은 해병대의 위용을 국내외에 과시하면서 오늘날과 같은 최강 해병대를 있게 한 계기가 되었다. 여기에는 생사를 초월한 포연탄우의 전투현장에서 불굴의 투혼으로 해병대의 명예를 지키다 산화한 많은 선배 전우들의 거룩한 희생이 밑거름이 된 것이다. 이러한 수많은 선배들의 영웅적 행동을 본받고 그들의 정신을 길이 계승하기 위하여 '국방부 전쟁기념사업회'에서 선발한 전쟁유공 추모대상자 중 최고의 영예등급인 '가'급 전쟁영웅으로 지정된 분들 중에서 대표적으로 해병대 정신의 귀감이 되고 있는 한국전쟁의 영웅 진두태 중위, 고종석 하사, 그리고 월남전쟁의 영웅 이인호 소령 등의 전례를 소개한다.

1) 해병대의 해병 진두태 중위

1951년 3월 8일 영원지구 전투에서 해병대 제1연대 3대대 수색소대장 진두태 소위가 보여준 불굴의 투혼은 해병대 전통수립의 값진 유산의 하나로 기억되고 있다. 해병대 창설 요원으로 병조장 (현계급 : 원사) 계급을 달고 처음 신병소대장으로 보직된 그는 후리

후리한 키에 가냘픈 체격으로 보아 무척 온순하게 보였다.

『진두태』

그러나 외모에서 느끼는 것과는 달리 투철한 책임감과 사명감으로 해병대의 초석이 될 병 제 1기생을 혹독하게 훈련시켜 최강 해병대의 일원으로 양성하였다. 그 후 제주도에 주둔하면서 공비 토벌작전에 참가하여 신현준 사령관으로부터 진두태 병조장의 용감성과 지휘능력은 '해병 중의 해병'이라는 찬사를 받기도 하였다. 제주도에서 한국전쟁을 맞이한 해병대는 고길훈 소령이 지휘하는 1개 대대를 1950년 7월 16일 군산에 상륙시켰다. 진두태 병조장은 이 부대의 정찰대장으로서 적정 수집을 위해 장항 일대에서 수색정찰 임무를 수행하였다. 이 때 그는 적으로부터 공격을 받아 대퇴부에 중상을 입고 포로가 되어 소속부대에 복귀하지 못하고 행방불명되자 소위로 일계급 특진과 함께 전사자로 처리되었으나 천신만고 끝에 적진을 탈출하여 3개월 만에 원대복귀하였다.

그 후 고성 함흥지구 전투에 참전하였다가 중공군 개입으로 철수명령이 하달되어 1950년 12월 진해로 철수하였다. 진해에 도착한 진소위는 진해 여좌동 산기슭에 있는 해병대 전사자 묘지에 자신의 묘지가 있다는 소식을 듣고 찾아가 보니 '고(姑) 해군소위 진두태의 묘' 라는 하얀색 십자가 푯말이 세워져 있음을 발견하고 먼저 간 전우들이 떠올라 발길을 돌릴 수 없었다.

그는 자신이 소속되어 있는 제1연대가 1951년 2월 중동부 전선으로 이동하게 되자 제3대대 수색소대장으로 자원하고 나섰다. 이 무렵 적은 국군 제7사단과 수도사단의 전투지경선 부근인 하진부리 남동쪽의 박시산(△1391)과 발왕산(△1458) 방면으로 공격을 재개하여 영월지구에 대한 위협을 가중시키고 있었다.

이러한 상황에서 당시 연대장이었던 김성은 대령은 제2대대는 발왕산을, 제3대대는 박지산 동쪽의 봉산리를 점령케 하여 적의 진출을 차단토록 하였다.

진소위는 1개 수색분대를 이끌고 허리까지 차는 눈길을 뚫고 적을 찾아 나섰다. 얼마 후 수색대는 흰 눈 위에서 아직 열기가 남아있는 탄피와 실탄이 드문드문 떨어져 있는 것을 발견하였다. 평소 매우 침착한 그가 오늘따라 이것이 아군 수색대를 적의 함정 속으로 유인하기 위한 미끼인 줄 모르고 전진을 계속하였다. 잠시 후 사방에서 총성이 들렸고, 진소위는 "전원 후퇴! 즉각 철수하라!"는 명령을 하달하고 우선 부하들을 구출하기 위해 적의 공격을 한 몸에 받으면서도 수색대의 철수를 엄호하였다. 그로부터 약 1시간이 지난 후 후퇴한 부하들이 증원부대와 함께 현지에 도착하였을 때는 흰 눈 위에는 유혈이 낭자하였고 진소위는 벌집처럼 적탄에 맞아 형체조차 알아보기 힘들었다. 제 3대대 장병들의 가슴을 더욱 아프게 한 것은 이 날이 바로 그가 스물네 번째 맞이한 생일이었기 때문이었다. 후일 이 전투의 공로로 그에게 중위로 일계급 특진과 함께 충무 무공훈장이 추시되었다.

2) 원문고개의 분대진지를 사수한 고종석

『고종석』

1950년 8월 17일 통영상륙작전을 감행한 김성은 부대의 제7중대 1소대 1분대장 고종석 삼등병조(현 계급 : 하사)는 통영시 외곽의 원문고개에 방어 진지를 구축하고 적의 공격에 대비하던 중, 8월 20일 새벽 적의 반격을 맞게 되었다. 적이 제7중대 전방진지로 침투하자 진내에서 백병전이 벌어져 혼전이 계속되었다. 해병들은 적을 구별하기 어려워 오른손에는 대검을 쥐고 왼손으로는 서로 머리를 만져보면서 삭발한 자는 찌르곤 하는 백병전이 계속 되었다.

이 백병전은 총검과 개머리판으로 찌르고 치는 것 외에도 씨름과 이빨로써 감행되었다. 총대를 휘두를 겨를도 없이 적과 맞붙게 된 해병들은 씨름으로 적을 넘어뜨린 다음 이빨로 코와 귓불을 물어뜯고 목을 졸라 죽이기도 하였다. 해병들의 결사적인 분전으로 적은 수많은 시체를 남긴 채 퇴각하였다.

그 이튿날인 8월 21일 적은 다시 야음을 이용하여 공격을 감행했다. 적 주력의 선두부대로 예상되는 일부의 적이 고종석 삼등병조가 지휘하는 1분대 정면으로 공격해 왔다. 이로부터 백병전이 전개됨에 따라 고종석 삼등병조는 부상에도 불구하고 총검으로 적을 무찔렀다. 그에게 다가오는 여섯 명의 적을 척살한 직후 갑자기 적의 방망이 수류탄 한 개가 교통호 진지 내에 떨어졌다. 이 때 고종석 삼등병조는 "수류탄이다! 엎드려!" 하고 고함을 치면서 자신은 그 수류탄 위에 몸을 던졌다.

이를 본 분대원들은 자기들의 생명을 구하려고 몸을 던진 것이나 마찬가지인 분대장의 희생에 대한 충정과 적개심으로 일제히 진지를 박차고 나와 물불 안가리는 육박전을 감행하였다. 그러자 적은 공격을 포기하고 도주하기 시작했다. 그 후에도 적은 통영을 다시 탈환해보려고 계속 공격을 가해 왔으나 해병대의 강인한 투지와 용맹성 앞에 연패만을 거듭하고 도주하였다.

이 전투가 끝난 뒤 각 신문들은 고종석 삼등병조의 장렬한 전사내용을 널리 보도하였으며, 적의 수류탄을 덮쳐 분대원의 생명을 구하고 원문 고개를 끝까지 사수한 고종석 삼등병조는 이승만 대통령의 특명에 따라 2계급 특진하여 일등병조(현 계급:상사)로 추서되었다.

3) 살신성인의 희생정신으로 부하를 구한 이인호

『이인호』

1996년 8월 11일 월남 '투이호아 지구' 일대에서 해병대 청룡부대 제3대대는 해풍작전으로 정글을 파헤치며 치밀한 베트콩 소탕작전을 전개 중이었다. 이 날 제3대대 정보장교인 이인호 대위는 그 전날 제 9중대 1소대가 체포한 여자 베트콩 용의자 2명을 심문한 결과 그들이 베트콩 가족이라는 사실을 확인하였다. 그 여인들이 수명의 베트콩이 은신하고 있는 동굴을 알고 있다는 정보는 일단 큰 수확이 아닐 수 없었다. 그리하여 이 대위는 즉시 헬기편으로 여자 베트콩 2명을 대동하고 제 9중대 1소대의 탐색지역에 도착하여 동굴 탐색을 진두지휘하였다.

두 여인을 앞세우고 대나무가 우거져 있는 숲속을 탐색하다가 가옥 주변에 교묘히 은폐되어 있는 동굴을 발견한 이 대위는 제 9중대 제1소대와 제3소대로 하여금 동굴주변을 전면 포위토록 하고, 제1소대 3분대장 김찬옥 하사 외 4명과 함께 동굴입구에 이르렀다. 이 대위는 우선 김찬옥 하사에게 동굴 내부에 3개의 수류탄을 투척하여 반응을 확인토록 하였다. 그러나 아무런 인기척이 없으므로 5분후에 김찬옥 하사를 선두로 4명의 분대원을 뒤따르도록 하여 동굴을 수색케 하였다. 동굴 내부는 겨우 물체를 식별할 수 있을 정도의 암굴이었으므로 완전 수색은 못하고 일부 탄약 등을 노획하는데 그쳤다. 이 대위는 대원들의 1차 수색에 대하여 언뜻 석연치 않은 예감을 느꼈다.

그 까닭은 베트콩 첩자들이 제공한 내용과 많은 차이가 있으며 지금까지 수차례의 작전을 통하여 자신의 정보판단이 추호의 차질이 없었고, 특히 본 동굴탐색전은 제반 첩보를 종합분석 후 진행되고 있는 작전인 만큼 더욱 의심이 풀리지 않았다. 그래서 김찬옥 하사 외 4명을 이끌고 진두에 서서 화약 냄새가 코를 찌르는 동굴 속으로 다시 들어갔다.

살얼음 밟듯이 긴장 속에 진입하였을 때, 동굴은 도중에 'ㄱ'자형으로 구부러져 있었다. 이 대위는 뭔가 있구나 하는 직감을 느끼며 구부러진 곳으로 막 상반신을 내밀려는 순간 갑자기 날아오는 검은 덩어리가 있었다. 동굴 깊숙이 잠복해 있던 베트콩이 던진 수류탄이었다. "수류탄이다!" 하는 이 대위의 고함소리가 동굴 속을 흔들었다. 거의 동시에 이 대위는 베트콩이 던진 수류탄이 날아왔다. 이 대위는 몸을 구부려 또다시 수류탄을 집어던지려 하였으나 시간 부족이었다.

"엎드려!" 그는 피맺힌 단 한마디의 절규를 남기고 수류탄을 몸으로 덮쳤다. 그의 품안에서 폭음을 내며 수류탄이 터졌다. 이 대위는 차마 눈뜨고 볼 수 없을 만큼 처참한 모습으로 산산조각 나고 말았다.

이 대위의 이와 같은 장렬한 전사로 수색작전에 참가한 전원이 무사하였다. 동 작전이 끝난 뒤 확인된 바에 의하면 이 대위가 되받아 던진 수류탄에 베트콩 5명이 즉사하고 카빈 소총 2정과 수류탄 7발, 다수의 일용품 등을 노획하는 전과를 올리게 되었다.

그의 고귀한 희생정신과 투혼은 국군의 귀감으로 반공전선에서 자유와 평화를 수호하려는 불굴의 표상이 되었다.

이후 1966년 8월 31일 거행된 영결식에서 강기천 해병대 사령관은 조사를 통해 "고 이인호 소령은 청룡이 낳은 해병의 영웅이오, 구군의 귀감이며 조국 대한의 영원한 자랑입니다. 그대가 세우신 공훈은 우리 국군의 이름과 함께 대한 해병의 용맹을 온 세계에 다시 한 번 드높이게 했습니다."라고 격찬을 아끼지 않았다.

한편, 정부에서는 소령으로 1계급 추서함과 아울러 최고 무공훈장인 태극 무공훈장을 수여하였으며, 또한 미국정부에서는 은성 무공훈장을, 월남공화국에서는 '엽송무공훈장'을 전달하고 장렬히 전사한 고 이인호 소령의 명복을 빌었다.

4) 이학현 상병 및 조정남 상병[14)]

『이학현』

이학현 상병은 1945년 충남 연기에서 태어나 1965년 7월 해병 신병 제167기로 입대한 후 1966년 10월 해병대 제2여단 11중대 대원으로 베트남전쟁에 참전했다. 당시 11중대가 배치된 짜빈동 지역은 북베트남군이 끊임없이 점령을 시도하던 '추라이지구'의 전략 요충지였다.

1967년 2월 15일 새벽, 압도적인 병력으로 무장한 북베트남 정규군 1개 연대가 짜빈동 중대전술기지로 공격을 감행해 왔고, 그중 2개 대대 병력이 이학현 일병이 소속된 3소대 정면으로 난입해 왔다. 이때 이학현

---

14) 해병대 사령부,「대한민국 해병대」. (해병대사령부, 2006), pp. 630~631.

일병은 적과 교전하며 오물통에 빠진 수명의 적을 수류탄으로 폭사시키는 한편 분대장 쪽으로 접근하는 수 명의 적병을 수류탄으로 처치하고 분대장을 위기에서 구했다. 그러나 그 순간 자신도 오른쪽 발목에 적탄을 맞게 되자 "죽기 전에 한 놈이라도 더 처치해야 한다."며 총에 실탄을 장전하여 동료에게 넘기고 자신은 수류탄을 들고 몰려드는 적병 5명을 끌어안고 함께 폭사했다. 이러한 이학현 일병의 투혼에 힘입어 11중대는 중대 규모로 연대 규모의 월맹 정규군을 격퇴하는 큰 전공을 세움으로써 한국군의 용맹을 국내외에 떨쳤다.

정부는 목숨을 바쳐 부대와 동료를 위기에서 구하고 전투를 승리하고 이끈 고인의 공훈을 기려 1계급 특진과 을지무공훈장을 추서했다.

『조정남』

조정남 해병대 상병은 1945년 경남 밀양에서 출생하였다. 1966년 1월 해병대 신병 제173기로 입대했으며 1966년 10월 3일 베트남전쟁에 파병되어 해병대 제2여단 11중대 3소대 소총수로 근무하던 중 짜빈동전투를 치르게 되었다.

당시 짜빈동은 북베트남 북부에 위치한 추라이 지역의 관문으로 적의 활동이 왕성한 요충지였다. 이 지역에 배치된 해병대 제2여단 11중대는 1967년 2월 14일 1개 소대 규모의 적이 공격해 오자 교전 끝에 이들을 격퇴했으며 대규모 적이 다시 공격해 올 것을 예상하고 2차 공격에 대비해 전투준비와 경계를 철저히 하고 있었다.

소대 전방의 적 예상접근로 청음초 조장이었던 조정남 당시 일병은 1967년 02월 15일 04시, 1개 연대 규모의 북베트남 대병력이 아군을 포위 공격해 오자 긴급히 소대진지로 복귀하여 이를 상부에 보고했다. 곧바로 아군의 포병 화력지원과 제11중대의 최후 저지 사격이 일제히 실시됨으로써 짜빈동 11중대 진지는 순식간에 아비규환의 격전지가 되었고 처절한 백병전이 벌어졌다.

이때 조정남 일병은 사력을 다해 싸우다가 적의 수류탄에 전신 파편 상을 입는 중상에도 불구하고 수 명의 적군이 접근해 오자 수류탄을 뽑아들어 적들과 함께 폭사함으로써 장렬히 산화했다. 조정남 일병의 희생정신에 힘입어 아군은 수적으로 압도적인 적 주력부대와 장장 4시간의 혈투 끝에 아군 전사자 15명이라는 최소한의 희생으로 적군 243명을 사살하고 끝내 진지를 사수했다. 한국 해병대 1개 중대가 북베트남 정규군 연대급 병력의 공격을 격파한 이 짜빈동전투를 당시 세계 언론은 베트남전쟁 사상 최대의 전과로 대서특필했다. 정부는 고인의 전공을 기려 1계급 특진과 을지무공훈장을 추서했다.

5) 소대장의 용기로 탈취한 목표 이근식

『이근식』

한국전쟁 기간 중 무적해병의 전통을 수립한 가장 자랑스러운 전투이면서 가장 처절했던 전투로 기억되고 있는 도솔산지구 전투에 관한 수많은 일화들은 우리의 귀중한 유산의 하나로 전해지고 있다. 그 중에서 제1대대 2중대 3소대장이었던 이근식 소위가 보여준 최일선 소대장의 용기 있는 행동을 대표적으로 소개한다.

3소대장 이 소위에게 탈취토록 명령한 4번 목표지역은 마치 낙타등을 연상케 하는 능선지형으로, 상· 하 굴곡이 심하고 45도 이상의 급경사 및 절벽으로 형성되어 겨우 1개 분대 밖에 산개할 수 없는, 공격자에게는 절대적으로 불리한 지형이었다.

수차에 걸쳐 목표공격을 시도하였으나 적의 완강한 저항에 부딪쳐 번번이 실패하고 말았다. 중대장의 공격명령을 거부할 수 없었던 3소대장 이 소위는 소대원을 집합시켜 놓고 재차 목표공격을 지시하였으나 반응이 없었다.

이 소위는 자신이 직접 목표공격을 해야겠다고 결심하고 인접 소대장인 1소대장에게 지원사격을 부탁한 후, 안전핀을 뺀 수류탄 2발을 양손에 들고 나머지 수류탄 2발은 탄띠에 걸고서 목표를 향해 포복으로 기어오르기 시작했다. 이 때 전방에서 갑자기 적 1명이 불쑥 일어나더니 이 소위를 향해 사격을 하려고 할 때, 소대장의 목표 접근에 숨을 죽이고 주시하고 있던 소대원들이 즉각적으로 사격하여 사살하자 화를 면할 수 있었다. 이에 이 소위는 용기백배하여 목표정상 접근에 성공하였다. 일어서서 수류탄 투척을 할까 말까 망설이는데 뒤에서 소대원들이 지켜보고 있다는 생각이 들자 과감하게 수류탄을 투척할 수 있었다. 수류탄 4발을 투척 후 뒤돌아서 소대원들이 있는 곳까지 내려오는 데는 얼마나 빨리 내려왔는지 불과 몇 초밖에 걸리지 않았다.

"소대장님 만세! 3소대 만세!"를 외치는 소대원들의 사기는 충천했다.

소대를 재정비하기 위하여 3소대는 중대본부가 있는 곳으로 집결하였다. 소대원들은 계속되는 전투로 인해 머리 깎을 시간조차 없어 머리는 마치 여자의 단발머리만큼이나 길었다. 3끼를 굶은 후 인지라 밥은 개인별로 철모에 가득하였고 부식으로는 쇠고기 덩어리 1개와 소금이 고작이었다. 오랜만에 배를 채운 소대원들은 무척이나 즐거워했다. 중대장으로부터 다시 공격명령이 하달되었다.

소대원들을 집합시켜보니 겨우 22명뿐이었다. 소대원들의 표정은 무표정으로 처참한 몰골이었다. 이 소위는 이제 죽는 시간이 가까워졌구나 라는 생각이 들자 오히려 죽음에 대한 두려움이 없어지면서 살고 싶다는 생각도, 그렇다고 죽어야 한다는 생각도 없는 그야말로 순수함 그 자체였다.

소대원들 앞에서 이 소위는 "우리의 동료가 절반이 없어졌다. 이제 우리가 물러설 곳이 어디에 있겠는가! 우리가 할 일은 오로지 저 목표를 점령해서 사라져간 소대원들의 원수를 갚는 것" 이라고 비장한 각오를 당부하고 서로 악수를 나눈 뒤 소총과 1인당 수류탄 4발씩 휴대하고 소대장은 추가로 EE-8 전화기를 목에 걸고, 야전선 드럼을 등에 메고, 휴대용 무전기를 손에 들고서 공격 대기지점으로 향했다. 목표 정상의 돌격선 까지 진출한 3소대장은 해병학교에서 배운 데로 돌격선에서 '돌격 앞으로!' 라는 구령과 함께 소대원들이 함성을 지르며 목표로 돌진할 것이라 믿고 '소대! 돌격 앞으로!'라고 외쳤다. 그러나 아무런 소리도 들리지 않았다. 그 순간 소대장의 분노는 이루 말할 수 없었다. 그러나 냉정함을 잃지 않은 3소대장은 선두에서 소대를 지휘하여 적에 대한 증오감으로 대검으로 지르고 개머리판으로 내리 치면서 피비린내와 적시체로 뒤덮여 고지를 점령하는데 성공하였다.

Ⅱ 해병대의 상징

해병대를 기억하고 있는 대부분의 지인(知人)들은 흔히 해병이면 누구나 그들만의 것으로 자랑스럽게 여기는 해병대 마크 그리고 팔각모, 빨간 명찰, 상륙돌격형 두발과 함께 의협심(義俠心)이 강한 젊은이들의 단정한 용모를 외적인 해병의 상징(Symbol)으로 인식하고 있다.

아울러 '한 번의 해병은 영원한 해병', '귀신 잡는 해병', '무적해병' 등의 구호와도 친숙해져 있으며 한국전쟁 당시 적 치하에 있던 서울을 수복하면서 중앙청 옥상에 태극기를 게양했던 해병용사들의 모습을 9·28 서울수복 기념행사를 통해 재현하는 장면을 보면서 그때의 감격적인 순간을 회상함과 동시에 싸움터에서 영광을 찾는 군대의 상징으로 기억할 것이다.

이 외에도 매스컴을 통해 상륙돌격장갑차(AAV: Amphibious Assault Vehicle 또는 LVT: Landing Vehicle Tracked) 및 고무보트(IBS: Inflatable Boat Small)에 탑승한 해병들이 거친 파도를 헤치고 해안에 상륙 후 내륙으로 돌진하는 훈련장면을 본 일반 국민들은 이 또한 해병대만이 할 수 있는 것이라 여긴다.

그리고 일상생활 속에서 평소 서로 모르는 사람일지라도 통성명(通姓名)으로 해병대 출신임이 확인되면 이내 상하가 분명한 위계질서와 형제애로 하나가 되는 모습에 신비함을 느끼곤 한다.

이처럼 해병대만큼이나 조직의 문화적 정체성을 강하게 표출하는 군대나 조직은 그리 흔치 않을 것이다.

상징을 한다는 것은 곧 어떠한 의미를 인위적으로 창조하고 부여하는 것뿐만 아니라 그 상징의 의미를 통해 조직의 정체성을 공통적으로 이해시키는 것을 포함하고 있다.

해병대 역사 속에서 자연발생적이거나 창조된 상징들은 해병대 구성원들로 하여금 동일한 가치를 지향케 하여 일체감을 갖도록 하는 구심적 역할을 하고 있다.

이러한 상징 중에서 해병대 문화의 기저를 이루는 대표적인 것들을 정리하면 다음과 같다.

1. 해병대 마크

싸움터 어느 곳에서나 영광을 쟁취하였던 해병대를 상징하는 '해병대 마크'는 해병대 조직의 정체성을 잘 나타내고 있다. 창설초기에는 해병대 마크가 제정되지 않아 해군장교 모표를 그대로 사용하였으나 1951년 8월 1일 별도의 해병대 모표를 제정하게 되었다.

모표는 장사병용으로 구분하여 장교용은 독수리와 별은 은색, 닻은 금색이며 사병용은 전 부분을 금색으로 하여 구분하였다.

해병대 마크는 자신이 해병임을 항상 자랑스러워하면서 해병대에 대한 무한한 충성과 명예심의 표현이라 하겠다. 이는 군대의 위치를 알리고 장병의 사기를 북돋우며 군대의 명예와 단결을 상징하기 위한 군기(軍旗)인 해병대기 중앙에 새겨지며, 제복의 어느 한 부분에 압인하거나 배지로 제작된 것을 부착하며 또는 간행물 표지에 표시하기도 하고 스티커로 만들어 차량에 부착하는 등 널리 애용되고 있다.

이러한 해병대 마크는 정의와 자유를 위하여 바다와 육지에서 용맹스럽게 적과 싸워 승리하는 해병대를 상징한다.

마크는 리본('정의와 자유를 위하여'), 독수리, 별, 닻 등 네 부분으로 구성되어 있으며 모표는 리본이 생략된 세부분으로 되어 있다.

마크의 각 부분이 상징하는 의미는 다음과 같다.

- 리본

  독수리가 입에 물고 있는 리본에 적힌 '정의와 자유를 위하여'는 해병대가 존재하는 목적을 나타낸 글귀로서 내 한 목숨 해병대라는 조직과 조국에 바친다는 의미이다.

- 독수리

  독수리는 용맹성과 승리의 상징으로 민족과 조국의 수호신이면서 전장에서 승리의 불사신이기를 갈망하는 해병대의 기상을 의미한다.

- 별

  육상전투를 상징하기도 하는 별은 조국과 민족의 생존을 위한 국방의무의 상징으로 조국과 민족을 지키는 해병대의 신성한 사명을 나타낸다.

- 닻

  해양 또는 해군을 상징하기도 하는 닻은 배를 일정한 곳에 머물러 있게 하기 위하여 만들어진 갈고리로서 기울어져 있는 모양의 닻은 함정이 정박 또는 정선하여 해병대 고유의 임무인 상륙작전 개시를 의미한다.

2. 팔각모

일반적으로 모자(帽子)는 예의를 지키기 위하여 또는 추위나 더위로부터 머리를 보호하거나 장식적 또는 사회적 지위의 상징으로서 머리에 쓰는 것을 총칭하여 일컫는다. 이러한 모자는 과거에 주로 개인의 사회적 신분에 따라 여러 형태로 구분 짓기도 하였으나 오늘날에는 사회적 신분에 따라 구분되는 것이 아니라 용도와 편리성, 선호도 등에 따라 그 형태도 다양하게 변모하였다. 군대에서도 용도에 따라 여러 형태로 구분하고 있다. 특히 평상시 장,사병이 공통적으로 쓰는 전투모는 색깔 및 형태에 따라 해당 군의 정체성을 상징하고 있으며, 그중에서 해병대를 상징하는 '팔각모'는 다음과 같은 상징적 의미를 가지고 있다.

- 팔각모는 신라시대 전 신라인의 정신이기도 하였던 화랑도 정신인 오계(五戒)와 세 가지 금기(禁忌)를 포함하며 팔계(八戒)의 뜻을 가지고 있다.
- 팔각모의 팔각은 팔극(八極)을 뜻하며 "지구상 어디든지 가서 싸우면 승리하는 해병대"임을 상징한다.

> ■ 국가에 충성하라 (事君以忠)
> ■ 부모에게 효도하라 (事親以孝)
> ■ 벗에게 믿음으로 대하라 (交友以信)
> ■ 전투에서 후퇴하지 마라 (臨戰無退)
> ■ 뜻 없이 죽이지 마라 (殺生有擇)
> ■ 욕심을 버려라(禁慾)
> ■ 유흥을 삼가라(愼遊興)
> ■ 허식을 삼가라(愼虛飾)

- 팔각의 중심점은 지휘관을 중심으로 하여 여덟 가지 해병대의 길을 가리키고 있다.

> ■ 평화와 독립 수호
> ■ 엄정한 군기
> ■ 희생정신으로 국가에 헌신
> ■ 가족적인 단결 도모
> ■ 적에게 용감
> ■ 긍지와 전통
> ■ 불굴의 투지
> ■ 필승의 신념으로 승리 쟁취

3. 명찰

해병대에서는 오른쪽 가슴에 붉은 명찰(속칭)을 달 수 있을 때 비로소 해병대의 일원이 되었음을 인정받게 된다. 그만큼 붉은 명찰은 해병대 장병들에게 단순히 자신의 이름을 나타내는 표식물이 아니라 '해병대 아무개'라는 해병대에 소속된 한 일원으로서 책임과 의무를 다하라는 명령인 동시에 징표(徵表)인 것 이다.이러한 명찰이 상징하는 의미는 다음과 같다.

● 진홍색

피와 정열, 용기, 신의 그리고 약동하는 젊음을 조국에 바친 해병대의 전통을 상징한다.(약칭 : 피와 정렬)

● 황색

해병대는 신성하며, 해병은 언제나 예의 바르고 명랑하며 활기차고, 땀과 인내의 결정체임을 상징한다.(약칭 : 땀과 인내)

Ⅲ 해병대 행동강령

〈해병대 행동강령〉

1. 나는 대한민국 해병대의 일원이다. 나는 자신의 삶과 조국을 수호하기 위하여 해병대를 선택했다. 나는 이러한 나의 신념을 지키기 위해 목숨을 바칠 것이다.

2. 나는 내가 싸울 수 있는 절대 항복하지 않을 것이며, 내 부하 또한 항복하지 않고 끝까지 싸우도록 할 것이다.

3. 나는 만약 적에게 생포되더라도 적의 어떠한 호의나 대우를 받지 않을 것이며, 가용한 모든 수단으로 저항하고 나 자신과 동료의 탈출을 도울 것이다.

4. 나는 만약 포로가 된다면 나의 안일을 위해 동료를 위태롭게 하는 행위를 절대 하지 않을 것이며, 상급자의 정당한 명령을 따르고 동료 중 내가 최상급자일 경우 그들을 적극 보살필 것이다.

5. 나는 만약 포로로서 심문을 받는다면 계급·군번·성명·생년월일 이외는 절대 말하지 않을 것이며, 나의 조국과 해병대에 불리한 어떠한 진술도 하지 않을 것이다.

6. 나는 나의조국 대한민국 해병대를 위해 싸우는 해병대의 일원으로서 나에게 주어진 모든 책임과 의무를 다할 것을 해병대 이름 앞에 엄숙히 맹세한다.

참고 문헌

김재엽, 「대한민국 해병대」, 살림, 2006.
KBS, 「다큐멘터리 한국전쟁」, KBS, 1991.
전쟁기념사업회, 「한국전쟁사(제 1권)」, 한국전쟁기념사업회, 1990.
정채호, 「해병대 전통과 비화」, 화정, 2000.
해군대학, 「상륙전사」. 해군대학, 2000.
해병대 교육 훈련단, 「해병대 정신 및 전투사(강의 교재)」, 2006.
해병대 사령부, 「해병대 문화와 가치」, 해병대 사령부, 2000.
해병대 사령부, 「해병대 VISION 2025」, 해병대 사령부, 2001.
해병대 사령부, 「한국 전쟁과 해병대」, 해병대 사령부, 2003.
해병대 사령부, 「사진으로 본 해병대 50년사」, 해병대 사령부, 1999.
해병대 사령부, 「앞서가는 최강 해병대」, 해병대 사령부, 1997.
해병대 사령부, 「해병대 전적기념물 소개」, 해병대 사령부, 1997.
해병대 사령부, 「해병대 약사」, 해병대 사령부, 1988.
해병대 사령부, 「해병대 책자(제 26호)」, 해병대 사령부, 2005.

저자 약력

김호춘

약력

법학 박사

사후 78차(1987년 7월 해병소위임관)

2007년 해병 소령 예편

현) 포항대학 교수